W0254103

Untersuchungen

über den

Energieverlust des Wassers in Turbinenkanälen.

Von

Dr.-Ing. Hermann Oesterlin.

Mit 11 Textfiguren und 5 lithogr. Tafeln.

Springer-Verlag Berlin Heidelberg GmbH 1903

ISBN 978-3-662-31800-3 ISBN 978-3-662-32626-8 (eBook)
DOI 10.1007/978-3-662-32626-8

Inhaltsverzeichnis.

Einleitung.

Der Energieverlust, welchen das Wasser beim Durchfluß durch Turbinenkanäle erleidet, wird zur Zeit in sehr verschiedener Weise berechnet.

Zunächst sind es die empirischen Formeln für Wasserreibung in Rohrleitungen, die hier zur Verwendung kommen[1]), und zwar zur Bestimmung des Leitungswiderstandes diejenige von Weisbach und Zeuner[2]):

$$h = \zeta \cdot \frac{l}{d} \cdot \frac{v^2}{2g},$$

$$\zeta = 0{,}014312 + \frac{0{,}010327}{\sqrt{v}}.$$

Dabei ist nach Grashof eine Umrechnung für konisch zulaufende Röhren von rechteckigem Querschnitt vorzunehmen. Zur Bestimmung des Krümmungswiderstandes wird dann eine weitere Weisbachsche Formel[3]) für rechtwinkelig gekrümmte Kropfröhren mit rektangulärem Querschnitt

$$h = \zeta \cdot \frac{v^2}{2g}, \quad \zeta = 0{,}124 + 3{,}104 \left(\frac{a}{r}\right)^{\frac{7}{2}}$$

herangezogen mit Berücksichtigung der Veränderlichkeit des Krümmungshalbmessers, der Kanalweite und der Abweichung des Krümmungswinkels von dem rechten Winkel. Grashof macht hierzu die Bemerkung, daß bei größerer Zuverlässigkeit der Grundlage dieser Berechnung die Krümmungswiderstandshöhe

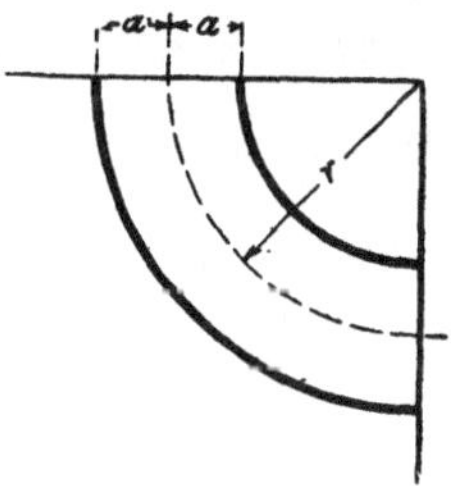

Fig. 1.

---

1) Grashof, Theoret. Maschinenlehre. Bd. III. § 33.
Meissner, Hydraulik. 2. Bd. I. Tl.

2) Weisbach, Ingenieur und Maschinenmechanik. Bd. I. § 455. S. 1015. Anm. 1.
Zeuner, Vorlesungen über die Theorie der Turbinen. § 5. S. 50.

3) Weisbach, Ingenieur und Maschinenmechanik. Bd. I. § 469.

$$h = \frac{1}{90^\circ} \int_0^{90^\circ} \left[0{,}124 + 3{,}104 \left(\frac{y}{2\,z} \right)^{3,5} \right] \frac{x^2}{2\,g} \, d\,\tau$$

gesetzt werden könnte, wenn x die Strömungsgeschwindigkeit, y die Kanalweite, z den Krümmungshalbmesser und $d\,\tau$ den Kontingenzwinkel angibt.

Redtenbacher[1]) nimmt den Verlust durch Reibung an den Kanalwänden $= \lambda \cdot \frac{f}{\Omega} \cdot u_1^2$ und wählt $\lambda = 0{,}00035$ bei f = Summe der inneren Flächen sämtlicher Radkanäle und Ω = Summe der Querschnitte sämtlicher Radkanäle am äußeren Umfang der Fourneyron-Turbine. Mit einem Ausdruck $\mu\, u^2$ umfaßt er μ schätzungsweise berechnend den Einfluß zufälliger Unregelmäßigkeiten in der Wasserbewegung.

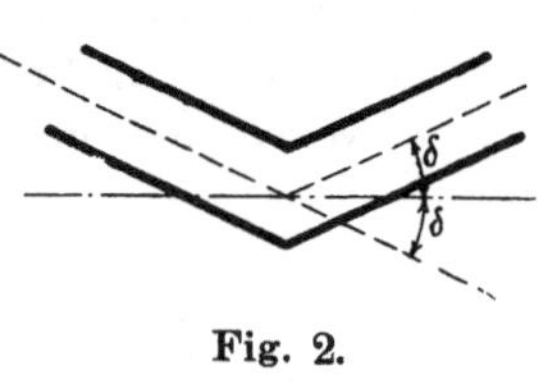

Fig. 2.

Auch für die Bestimmung des durch plötzliche Ablenkung hervorgebrachten Widerstandes beim Einlauf des Wassers in Turbinenkanäle wird das Resultat von Versuchen mit Knierohren benutzt und die von Weisbach aufgestellte Formel eingeführt:

$$h = \zeta \cdot \frac{v^2}{2\,g}, \; \zeta = 0{,}9457 \, \sin^2 \delta + 2{,}047 \, \sin^4 \delta. \,^{2)}$$

Da mit der Verwendung der genannten Gleichungen bei Turbinenkanälen eine große Unsicherheit verbunden ist, so lag es nahe direkte Versuche mit Turbinenkanälen auszuführen, um aus den Ergebnissen derselben eine sichere Grundlage zur Berechnung des Widerstandes aufzustellen. Bis jetzt wurden jedoch nur wenige solcher Versuche vorgenommen.

Weisbach[3]) findet aus je 6 Versuchen mit 2 Kanälen, daß der Reibungsverlust gleich $\zeta \cdot \frac{c_2^2}{2\,g}$ ist, wenn c_2 die Austrittsgeschwindigkeit angibt, und ζ einen Wert zwischen 0,05 bis 0,1 annimmt.

Eine Ablenkung des Wassers beim Einlauf fand bei diesen Versuchen nicht statt; wir haben also in dem Verlust den Widerstand durch reine Kanalreibung und Krümmung. Der Reibungskoeffizient 0,05 bis 0,1 ist in vielen Turbinentheorien eingeführt (Brauer, Herrmann, v. Reiche, Weisbach, Zeuner u. a.).

---

1) Redtenbacher, Theorie und Bau der Turbinen. 2. Aufl. S. 35.
2) Weisbach, Ing. u. Maschinenmechanik. Bd. I. § 468.
Brauer, Turbinentheorie. Kap. 3.
Zeuner, Theorie der Turbinen. § 4.
3) Polytechn. Zentralblatt. Jahrg. 1850. S. 129 u. f.

Ferner hat Fliegner[1]) eine große Anzahl von Versuchen mit 9 Kanälen bei verschiedener Eintrittsrichtung des Wassers angestellt und eine Tabelle für den Reibungskoeffizienten ζ bezogen auf die Austrittsgeschwindigkeit veröffentlicht. Da aber die Werte von ζ den Energieverlust beim Eintritt in den Turbinenkanal infolge Ablenkung und Querschnittsveränderung einerseits und andererseits die Widerstände durch Wasserreibung im Kanale und Krümmung der Kanäle umfassen, so ist es nicht möglich aus den gefundenen Werten einen Einblick in die beiden Arten des Verlustes getrennt zu erhalten. Auch wurden die Versuche ebenso wie die Weisbachschen in sehr kleinem Maßstabe ausgeführt.

In der vorliegenden Arbeit soll der Verlauf und das Ergebnis von Versuchen mit sieben wesentlich größeren Turbinenkanälen mitgeteilt werden, von denen zwei durch zahlreiche Piezometermessungen über die ganze Weite und Länge des Kanales einen genaueren Einblick in die Wasserbewegungen und Verluste im Kanal zulassen. Widerstände, die durch ungenauen Eintritt entstehen, kamen hier nicht in Betracht; nur der Einfluß der reinen Kanalreibung und Krümmung sollte beobachtet werden.

Die Anregung zu den nachstehenden Untersuchungen gab mir Herr Hofrat Professor Brauer zu Karlsruhe, dem ich an dieser Stelle für seine wertvollen Ratschläge, sowie für die gütige aus den Hülfsmitteln des mechanischen Laboratoriums der technischen Hochschule zu Karlsruhe gewährte Unterstützung meinen besten Dank ausspreche.

---

[1]) Zeitschr. d. Ver. d. Ing. Jahrg. 1879. S. 459 u. f.

1. Kapitel.

Beschreibung der Apparate und der Versuchsanordnung.

Die Gesamtenergie eines Wasserteilchens an jeder beliebigen Stelle des Kanales setzt sich zusammen aus seiner potentiellen Energie, entsprechend seiner geodätischen Höhe z, aus einem zweiten Energieteil, entsprechend der an der betreffenden Stelle vorhandenen Druckhöhe h und aus seiner kinetischen Energie entsprechend der Geschwindigkeitshöhe $\frac{c^2}{2g}$. Von diesen Werten kann bei dem Versuch direkt nur die geodätische Höhe z und die Druckhöhe h genau bestimmt werden. Die Größe der Geschwindigkeit an einer beliebigen Stelle des Kanales durch Messung festzustellen ist bei sehr schnell fließendem Wasser sehr schwierig; nur an dem Kanal I mit 5 mm Breite konnte im Einflußquerschnitt, in dem die Geschwindigkeit des Wassers klein ist, Messungen mit einem feinen eingeführten Pitot-Röhrchen, im Ausflußquerschnitt Messungen der Ausflußparabeln verwandt werden. Versuche, die Richtung der Geschwindigkeiten durch Färben von Wasserfäden aufzufinden, mißglückten. Auch bei Einleiten alkalischer Farbstoffe mittelst eines feinen Kapillarrohres in das durch den Kanal fließende angesäuerte Wasser, trat ein Zerfließen der Farbe ein.[1])

Möglich blieb daher nur die indirekte Ableitung der Geschwindigkeiten aus den der Messung leicht zugänglichen Druckhöhen, welche im nächsten Kapitel behandelt wird.

Die Versuchskanäle hatten sämtlich eine einfach gekrümmte Mittellinie, welche beim Versuch stets horizontal gelegt wurde. Die in dieser Lage senkrechten Kanalbreiten b waren im Vergleich zur Druckhöhe bei allen Versuchen so klein, daß es zulässig erschien, die Verschiedenheit der Geschwindigkeit in den Punkten senkrechter Linien zu vernachlässigen.

---

[1]) Experimente von Hele-Shaw, s. Engineering. Vol. LXVII. No. 1723. Jahrg. 1899.

Da die Wasserteilchen auf konstanter mittlerer Höhe verbleiben, so ist bei dieser Versuchsanordnung auch eine Bestimmung der geodätischen Höhe z nicht nötig.

Die mittlere Geschwindigkeit in einem Kanalquerschnitt wurde durch Messung der gesamten durch den Kanal gehenden Wassermenge erhalten, und zwar wurde entweder das in einer bestimmten Zeit ausfließende Wasser abgefangen und gewogen, oder es wurden Wassermessungen mittelst Danaïde,[1]) oder auch mittelst Überfallwehr vorgenommen. In den Tabellen der Versuchswerte ist die Art der Wassermessung angegeben.

Die Bestimmung der Druckhöhen h als Wassersäulen in m geschah, wie schon angedeutet, mittelst Piezometer in der Weise, daß die Druckhöhen bei allen Kanälen bezogen auf die die Breiten b halbierende Mittelebene A abgelesen wurden. Die Apparate sind zu diesem Zweck folgendermaßen ausgestattet.

Der Kanal I (Tafel I) besteht aus 2 Teilen, aus Boden und Seitenwänden in einem Stück und aus dem Deckel. Das Material beider Teile ist Messing. Der Kanal hat nur eine Breite b von 5 mm[2]) und ist dadurch, daß die Schaufelform aus einfachen Kreisbögen besteht, besonders zu den ersten theoretischen Betrachtungen geeignet.

An dem Apparat sind zur Messung der Druckhöhen Glasröhrchen angebracht, die mittelst Hähnen mit feinen Löchern in dem Deckel des Kanales verbunden, oder mit einem Schlauch an kleine in den Deckel eingelötete Messingröhrchen von 2 mm l. W. angeschlossen werden. Diese Röhrchen dichten nach Entfernung des Schlauches gut eingepaßte Stöpsel mit Messingstiftchen so ab, daß die innere Wand des Kanales vollständig glatt bleibt. Da sich die letzte, nach Angaben des Herrn Professor Brauer ausgeführte Anordnung sehr gut bewährte, wurde sie bei allen weiteren Apparaten verwandt.

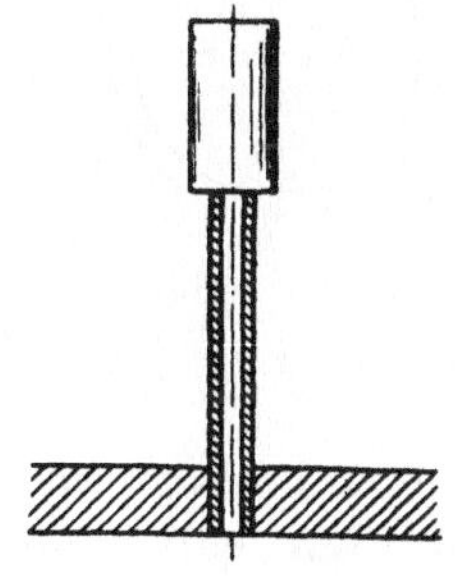

Fig. 3.

Bei dem Kanal I ermöglichten die Röhrchen auch das Einführen eines weiteren gut eingepaßten Pitot-Röhrchens, das durch seitliche Anbringung eines kleinen Loches und durch Druckmessungen in verschiedener Richtung einen Einblick in die Geschwindigkeitsverhältnisse in der Mitte der Breite des Kanales ge-

---

[1]) Brauer, Ein neues Verfahren der Wassermessung. Zeitschr. d. V. d. Ing. 1892. S. 1492.

[2]) Die Tafeln zeigen nur die Grundrisse der Kanäle, da die Breiten b konstant bleiben. Nur bei Kanal VII ist die Breite veränderlich und deshalb der Aufriß angegeben.

stattet. Ferner wurden hier auch die Ausflußparabeln auf der Innen- und Außenseite des ausfließenden Strahles aufgenommen (Tafel II).

Der Wassereinfluß erfolgt aus einem an dem Deckel angelöteten Blechgefäß, dessen Boden mit dem Kanal aus einem Stück besteht. Vorrichtungen zur Zerteilung des einfließenden Wassers und ein Überlauf sorgen für ruhige Einstellung des Wasserspiegels in dem Gefäße. Da aber das Gefälle nicht verändert werden konnte, so war mit diesem Apparat nur ein Versuch möglich (Versuch 1); anders bei dem Kanal II mit dem 3 Versuche (Versuch No. 2, 3, 4) angestellt wurden.

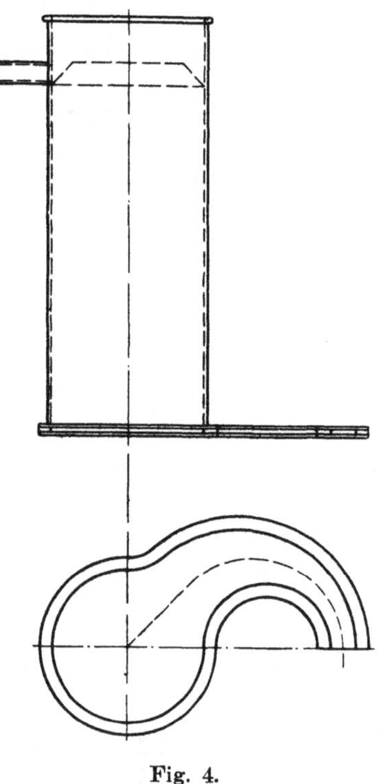

Fig. 4.

Dieser Kanal II (Tafel III u. IV) hat bei einer konstanten Breite von 50 mm bedeutend größere Abmessungen. Er ist aus Gußeisen sauber hergestellt, an den Innenwänden unbearbeitet und mit einem 5 mm starken Messingblech gedeckt, in welchem über 100 obiger Messingröhrchen angebracht sind. Die Schaufelform wurde durch Konstruktion nach einem Geschwindigkeitsriß[1]) in der Weise erhalten, daß bei Annahme der Geschwindigkeitskurve als eine Gerade ein über dieser Geraden als Durchmesser geschlagener Halbkreis in 10 gleiche Teile geteilt und durch Projektion der Teilpunkte auf die Geschwindigkeitskurve deren Zeitteilung erlangt wurde. Wir haben somit eine sich fortwährend ändernde Krümmung des Kanales bei anfangs sich verkleinerndem, gegen Ausfluß sich vergrößerndem Krümmungsradius.

Zunächst wurde dieser Kanal an ein hochgestelltes Reservoir mit festem Überlauf angeschlossen (Versuch No. 2, Tafel III). Das Gesamtgefälle betrug 3,672 m. Dabei mußte an dem Ende des Kanales ein Hahn zum Drosseln angebracht werden, da die bei dem hohen Gefälle nötige Wassermenge für freien Ausfluß nicht zur Verfügung stand, und eine Drosselung mit einem in der Leitung befindlichen Schieber keine

---

[1]) Brauer, Turbinentheorie. Kap. III.

sichere Druckhöhenmessung zuließ. Durch die Anwendung des Hahnes aber wurden die Beobachtung störende Stauungen am Ende des Kanales hervorgebracht, und ich beschloß daher, um diesen Übelstand zu vermeiden und um der Praxis entsprechende Turbinenkanäle untersuchen zu können, eine neue Versuchsanordnung vorzunehmen.

Es wurde ein neues ca. 3,5 cbm Wasser fassendes Reservoir mit verstellbarem Überlauf (Gefälle 1,82 bis 2,1 m) konstruiert und ausgeführt, das mehrere Wände zur Beruhigung des durch ein sich konisch erweiterndes Rohr (200/500 mm l. W.) einfließenden Wassers enthielt. Dadurch wurde erreicht, daß bei Entnahme von über 40 l/Sek. ein vollständig ruhiger Wasserspiegel sich einstellte. Das Wasser wurde von einer Zentrifugalpumpe aus einer Zisterne gehoben, in welche es nach Passieren des Kanales und eines zur Wassermessung bestimmten Überfallwehres wieder zurückfloß. Das Wasser des Überlaufes wurde durch eine besondere Rohrleitung direkt in die Zisterne zurückgeführt. Die Pumpe arbeitete also immer mit derselben Wassermenge. Sie wurde mittelst eines an eine Akkumulatorenbatterie angeschlossenen Elektromotors betrieben. Mit dieser ganzen Anlage konnte ein ruhiger Beharrungszustand während der Versuche herbeigeführt werden.

Zunächst wurde der Kanal II angeschlossen. Tabelle 3 u. 4 und Tafel IV zeigen die Resultate der Versuche bei verschiedenem Gefälle.

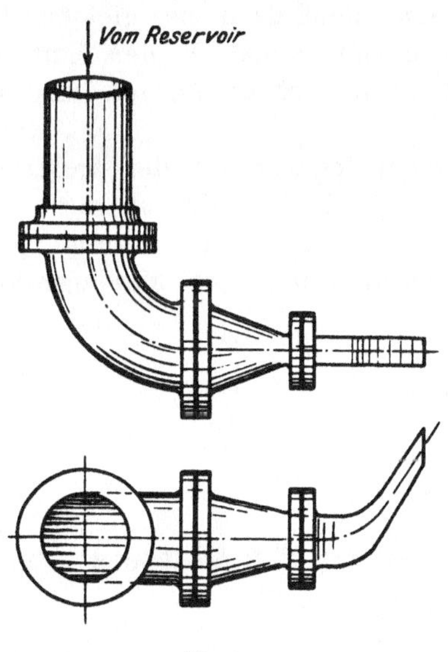

Fig. 5.

Der ruhige Übergang des Wassers von der von dem Reservoir herabführenden Rohrleitung von 200 mm l. W. zu dem Kanal wurde durch ein besonderes gußeisernes Rohr-Übergangsstück bewirkt.

Dann folgte mit der gleichen Anordnung die Untersuchung der 5 weiteren Kanäle, von denen 4 in gleicher Weise hergestellt, sich nur durch die Schaufelform unterschieden (Tafel V). Bei allen 4 Kanälen waren Einfluß- und Ausflußquerschnitt gleich, ebenso wie Einfluß- und Ausflußwinkel. Sie waren je aus 4 Teilen zusammengesetzt. Zwei Eisenbleche, als Schaufeln, wurden seitlich an zwei Gußplatten, als Rahmen, angeschraubt, die genau nach Schablonen hergestellt an den Seiten die Schaufelform zeigten.

An jedem der 4 Kanäle wurden dann noch 2 gleiche, geradlinige gußeiserne Verlängerungsstücke zwischen den vorstehenden Blechen befestigt, und zwar immer dieselben. Der Ausflußquerschnitt und die Breite b bleibt bei allen fast konstant ($b = 160$ mm). Auch hier wurde ein ruhiger Einfluß des Wassers durch ein Übergangsstück und durch geradlinige Verlängerung der Kanäle vor dem Einflußquerschnitt erhalten.

Die Druckhöhenmessungen waren mittelst in die Gußplatten eingesetzter Messingröhrchen zuerst im Einflußquerschnitt und dann in einem Querschnitt des Verlängerungsstückes vorzunehmen. Der Verlust, der zwischen diesen beiden Querschnitten durch Reibung eintrat, konnte also nach der Messung der Wassermenge am Überfall aus den Versuchswerten (Tabelle 5, 6, 7, 8) (Tafel V) berechnet werden. Im Ausflußquerschnitt selbst waren keine sicheren Messungen vorzunehmen, da die Bleche am Ende nicht mehr so genau senkrecht zwischen den Gußplatten durch die Schrauben festgehalten werden konnten, wie längs des Kanales. Eine sehr genaue Querschnittsbestimmung ist aber bei der hohen Geschwindigkeit besonders am Ende der Kanäle unbedingt nötig.

Zu den aus Tafel V ersichtlichen Schaufelformen ist noch zu erwähnen, daß diese bei Kanal III mit einem Geschwindigkeitsriß wie oben, bei Kanal IV und V mittelst Kreisbögen und Tangenten konstruiert sind.

Kanal VI ist nicht gekrümmt und dient dazu bei gleicher Länge des Wasserfadens in der Kanalmitte mit Kanal IV den Einfluß der Krümmung zu zeigen. Weiteres über die Schaufelformen wird später mitgeteilt.

Der letzte, der Kanal VII unterscheidet sich von den anderen vor allem durch seine variable Breite (Tafel V). Er ist mittelst Geschwindigkeitsriß konstruiert und aus Messingblech zusammengelötet. Die Druckhöhen wurden im Querschnitt 1. u. 4. an Messingröhrchen gemessen (Tabelle 9).

---

2. Kapitel.

Bestimmung der Geschwindigkeiten des Wassers aus den Druckhöhen.

Zur Lösung dieser Aufgabe sollen zunächst die hier in Betracht kommenden Gleichungen der Hydrodynamik aufgestellt werden.

In Turbinenkanälen, in welchen das Wasser eine gekrümmte Bahn beschreiben muß, steigt bekanntlich (Tafel 1. 3. 4.) der Druck von der konkaven nach der konvexen Seite hin an, und es kann die Größe der Zunahme berechnet werden. — Ein Wasserteilchen von der Gestalt eines unendlich kleinen rechtwinkeligen Parallelepipedons bewege sich so durch den Kanal, daß seine eine Achse in die Richtung seiner Geschwindigkeit fällt. Gibt dann F die Größe der zu dieser Achse parallelen Flächen und p den Flüssigkeitsdruck in kg/qm an, der auf die innere Fläche F wirkt, so ist die Kraft in Richtung der Bahnnormalen

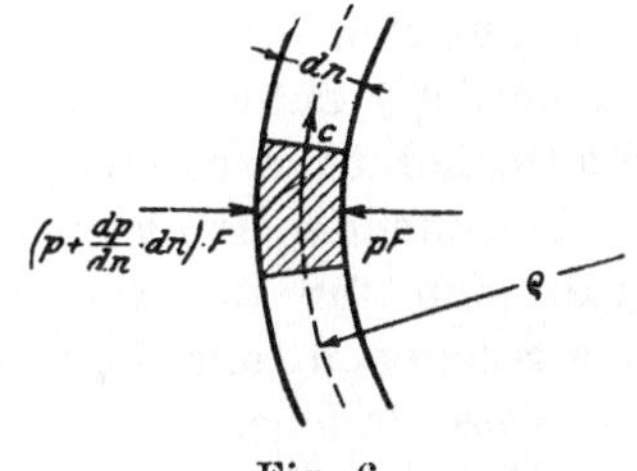

Fig. 6.

$$P = p\,F - \left(p + \frac{dp}{dn}\,.\,dn\right)F$$

$$P = -\frac{dp}{dn}\,.\,dn\,.\,F,$$

wenn $\frac{dp}{dn}$ die Zunahme des Flüssigkeitsdruckes in dieser Richtung pro Längeneinheit und d n die gleichgerichtete Kantenlänge des Parallelepipedons bezeichnet.

Soll nun das mit der Geschwindigkeit c bewegte Wasserteilchen eine Kurve vom Krümmungsradius ϱ beschreiben, so muß seiner Masse in radialer Richtung eine Beschleunigung $-\frac{c^2}{\varrho}$ durch obige Kraft erteilt werden. Bezeichnen wir demnach mit $\gamma = 1000$ das (spez.) Gewicht des Wassers pro cbm, mit $g = 9{,}81$ die Beschleunigung der Schwere und mit $h = \frac{p}{\gamma}$ die Druckhöhe als Wassersäule in m, so ist

$$-\frac{dp}{dn}\,.\,dn\,.\,F = -F\,.\,dn\,.\,\frac{\gamma}{g}\cdot\frac{c^2}{\varrho},$$

1) . . . . $$\frac{dh}{dn} = \frac{c^2}{g\varrho}.$$

Diese Gleichung wurde auf 2 Arten angewandt. Zuerst wurden in dem Kanal II zehn Wasserfäden in der Weise von den Rändern ausgehend aneinandergereiht, daß sie alle im Eintrittsquerschnitt 0 die gleiche Weite dn_0 und in anderen Normalschnitten die aus der Gleichung

$$dn = \frac{c_0}{c}\,.\,dn_0$$

berechnete Weite dn erhielten mit Verwendung der aus Gleichung 1) bestimmten Geschwindigkeiten c. Das Verhältnis $\frac{dh}{dn}$ konnte dabei an allen Punkten des Kanales aus dem durch den Versuch erhaltenen Druckrelief[1]) entnommen werden, indem die Druckkurven der Normalschnitte herausgezeichnet, und die Größen der Tangenten an diese in den betreffenden Punkten festgestellt wurden. Der Krümmungsradius ϱ ergab sich für die Randfäden aus der Schaufelform, für die weiter innengelegenen mit befriedigender Annäherung aus der Begrenzung des Wasserfadens, an den sie angereiht wurden. Leider trat in der Mitte des Kanales eine genaue Übereinstimmung der Wasserfäden nicht ein; ebenso hatte auch folgende an dem Kanal I angestellte Untersuchung keinen Erfolg. Die Geschwindigkeit c wurde an mehreren Stellen der mittleren Normalschnitte aus Gleichung 1) dadurch bestimmt, daß man $\frac{dh}{dn}$ wiederum aus dem Druckrelief des Versuches, ϱ aber aus den in der Zeichnung (Tafel 1) eingetragenen hypothetischen kreisförmigen Bahnen entnahm. Die so gefundenen Werte c wurden über der Kanalweite aufgetragen und der (durch Ausplanimetrieren der Fläche erhaltene) Mittelwert c_1 mit der durch Division der Wassermenge V (in cbm/Sek.) durch die Querschnittsfläche F (in qm) berechneten Geschwindigkeit $c_m = \frac{V}{F}$ verglichen. Anstatt einer Übereinstimmung zwischen c_1 und c_m stellte sich heraus, daß c_1 am Anfang des Kanales I kleiner, am Ende größer als c_m war. Gleichzeitig stimmte die Geschwindigkeitskurve im Querschnitt 0 nicht mit der hier mit dem Pitot-Röhrchen gefundenen überein.

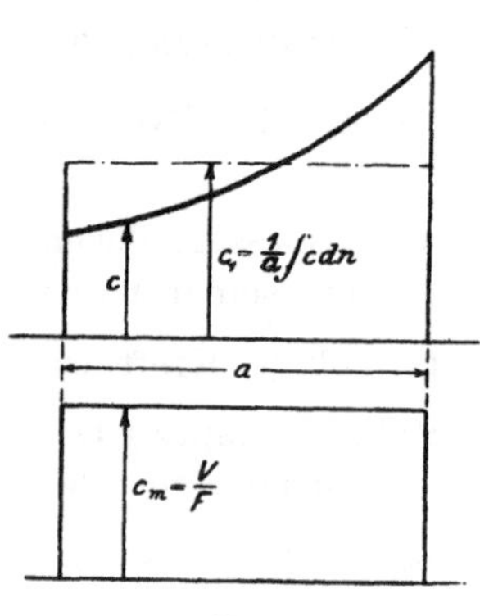

Fig. 7.

Der Grund, weswegen Gleichung 1) keine richtigen Resultate ergab, kann nur darin liegen, daß der Krümmungsradius ϱ der Bahn der Wasserteilchen nicht genau festzustellen ist. Am Rande der einzelnen Wasserfäden kommen Teilchen in Rotation und diese Teilchen können ihre Rotationsenergie nur in Wärme umsetzen. Ferner muß, wie sich später zeigt, Energieaustausch durch Reibung zwischen den einzelnen Wasserfäden angenommen werden.

Der neue Weg, der jetzt eingeschlagen wurde, beruht auf folgender Überlegung[2]). Befindet sich ein Wasserteilchen in Gestalt eines un-

---

1) Brauer, Turbinentheorie. Kap. XI. S. 109. Die Druckhöhen sind auf Tafel I in ein Polarkoordinationssystem eingetragen.

2) Brauer, Turbinentheorie. Kap. 1.

endlich kleinen geraden Zylinders von der Grundfläche dF und der Höhe dl so in dem Kanal, daß seine Höhe senkrecht zu der Fläche gleichen Druckes gerichtet ist, dann wirkt an diesem Teilchen außer seiner Schwere $dG = \gamma . dF . dl$ die Kraft $dP = \frac{dp}{dl} . dl . dF$, wenn $\frac{dp}{dl}$ die Zunahme des Druckes pro Längeneinheit in Richtung der Achse angibt. Da nun meist bei Turbinenkanälen, jedenfalls bei horizontalen, dG im Vergleich zu dP ohne wesentlichen Fehler vernachlässigt werden kann, so fällt die Richtung der Beschleunigung des Wasserteilchens mit der der Kraft dP zusammen, die Beschleunigung erfolgt also senkrecht zur Fläche gleichen Druckes. Diese Fläche kann aus den Versuchswerten in der Zeichnung bestimmt werden, und damit ist die Richtung der Beschleunigung in jedem Punkt des Kanales bekannt und die Konstruktion von Geschwindigkeitsrissen und Wasserfäden möglich.

Bei dem Kanal I wurde zunächst der Eintrittsquerschnitt 0, in welchem Geschwindigkeitsmessungen ausgeführt waren, in 8 Abschnitte von verschiedener Weite dn so geteilt, daß durch jeden die gleiche Wassermenge floß. Darauf erfolgte die Aufzeichnung der Geschwindigkeitsrisse für die Wasserfäden an den Rändern mit Geschwindigkeitsrichtungen tangential an die Schaufeln und mit Beschleunigungsrichtungen normal zur Richtung der Druckgleichen an den betreffenden Punkten. Der Maßstab der Geschwindigkeitsrisse ist durch die bekannte Geschwindigkeit c_0 im Querschnitt 0 gegeben und die normalen Weiten dn der Wasserfäden konnten aus der Gleichung

$$dn = \frac{c_0}{c} \cdot dn_0$$

berechnet werden. Ebenso wurden auch die anderen an die Randfäden anschließenden Wasserfäden gefunden nur, daß hier die Begrenzungslinie des benachbarten Wasserfadens für die Geschwindigkeitsrichtungen maßgebend war.

Nach Aufzeichnung aller 8 Fäden blieb in der Mitte des Kanales zwar auch wieder ein kleiner Streifen frei; ein Zeichen, daß noch ein Fehler vorhanden war. Dieser konnte aber hier durch Einführung des Teiles des Reibungsverlustes, welcher bei Bestimmung der Geschwindigkeiten aus den gemessenen Druckhöhen unberücksichtigt bleibt, beseitigt werden.

Die mittlere Geschwindigkeit c_1 des durch die konstruierten Wasserfäden fließenden Wassers ist nämlich größer als die Geschwindigkeit $c_m = \frac{V}{F}$ bei gleicher Wassermenge V, da die Summe der Normalschnitte f der Wasserfäden kleiner wird als der entsprechende zur Mittellinie des Kanales normale Querschnitt F. Nur im Eintrittsquerschnitt 0 tritt infolge obiger Konstruktion Übereinstimmung ein.

Die hier angenommene Annäherung, daß die Normale zur Mittellinie des Kanales normal zu allen Wasserfäden stehe, ist zulässig, da die Differenz der Wasserfadenquerschnitte normal zum Wasserfaden und dem Querschnitt normal zur Kanalmittellinie unmeßbar klein ist. Berechnet man nun die Geschwindigkeitshöhen $\frac{c_1^2}{2g}$ und $\frac{c_m^2}{2g}$, so muß die Differenz

$$\frac{c_1^2}{2g} - \frac{c_m^2}{2g}$$

durch den bisher vernachlässigten Reibungsverlust pro 1 kg Wasser verursacht sein. Andererseits aber wird man den ganzen wahren Energieverlust zwischen zwei Querschnitten F_1 und F_2 aus dem Versuch erhalten; er beträgt

$$U = h_{m_1} + \frac{c_{m_1}^2}{2g} - h_{m_2} - \frac{c_{m_2}^2}{2g}$$

wenn mit erlaubter Annäherung an Stelle des quadratischen Mittels

$\frac{c_m^2}{2g} = \frac{1}{F}\int \frac{c^2}{2g} \cdot dF$ das lineare Mittel $\frac{c_m^2}{2g} = \frac{1}{2g}\left(\frac{V}{F}\right)^2$ verwandt wird,

und wenn h_m die mittleren Druckhöhen in m bezeichnet, welche durch Ausplanimetrieren der über dem betreffenden Querschnitt aufgezeichneten Druckfläche gefunden wird. Die so berechneten Werte zeigen, daß ein großer Teil, am Ende des Kanales sogar der größere Teil des ganzen Reibungsverlustes noch zu bestimmen bleibt, was in folgender Weise geschieht.

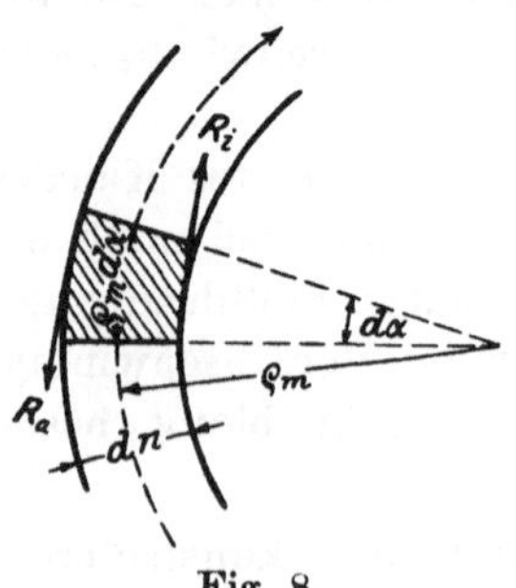

Fig. 8.

An einem zwischen zwei Normalschnitten befindlichen Element eines gekrümmten Wasserfadens von der mittleren in seiner Bahn liegenden Länge $\varrho_m \, d\,\alpha$, von der Breite b und der zur Bahn normalen Weite dn[1]) wirken infolge innerer Flüssigkeitsreibung nach der Newtonschen Hypothese.

[1]) Bei der Rechnung werden die Verhältnisse endlicher Differenzen im Sinne von Differentialverhältnissen verwandt.

$$\left(\text{Tangentialkraft in kg/qm} = \tau = k \cdot \frac{dc}{dn}\right)$$

eine beschleunigende Kraft

$$R_i = k \,.\, \varrho_i \, d\,\alpha_i \,.\, b \cdot \frac{dc}{dn}$$

auf der konkaven Seite und eine verzögernde Kraft

$$R_a = k \,.\, \varrho_a \,.\, d\alpha_a \,.\, b \cdot \left(\frac{dc}{dn} - \frac{d^2c}{dn^2} dn\right)$$

auf der konvexen Seite des Elementes, wenn k den Reibungskoeffizient von Wasser und $\frac{dc}{dn}$ die in den betreffenden Stellen vorhandene Zunahme der Geschwindigkeit pro Längeneinheit in Richtung des Krümmungsradius angibt, und zwar positiv bei Zunahme der Geschwindigkeit gegen den Mittelpunkt zu. Die Differenz dieser beiden Kräfte zeigt die Größe der der Geschwindigkeit c entgegengesetzt gerichteten Resultante

$$R = k \,.\, b \,.\left[\varrho_a \,.\, d\,\alpha_a \left(\frac{dc}{dn} - \frac{d^2c}{dn^2} \cdot dn\right) - \varrho_i \, d\alpha_i \cdot \frac{dc}{dn}\right]$$

oder, da mit der bei Kanal I auch für endliche Größen zulässigen Annahme

$$d\,\alpha_i = d\,\alpha_m = d\,\alpha_a\,,$$

$$\varrho_i \, d\,\alpha_i = \varrho_m \, d\,\alpha - \frac{dn}{2} d\,\alpha \quad \text{und}$$

$$\varrho_a \, d\,\alpha_a = \varrho_m \, d\,\alpha + \frac{dn}{2} \cdot d\,\alpha$$

gesetzt werden möge, so ist

$$R = k \,.\, b \cdot \left[\frac{dc}{dn}\left(\varrho_m \,.\, d\alpha + \frac{dn}{2} d\alpha - \varrho_m \, d\alpha + \frac{dn}{2} d\alpha\right) - \frac{d^2c}{dn^2}\left(\varrho_m \, d\alpha + \frac{dn}{2} \, d\alpha\right)\right]$$

$$R = k \,.\, \varrho_m \, d\alpha \,.\, dn \,.\, b \cdot \left[\frac{dc}{dn} \frac{1}{\varrho} - \frac{d^2c}{dn^2} - \frac{d^2c}{dn^2} \cdot \frac{dn}{2\,\varrho}\right].$$

Das letzte Glied der Klammer kann den beiden anderen gegenüber vernachlässigt werden, und es bleibt

$$2) \quad \ldots\ldots \quad R = k \,.\, \varrho_m \,.\, d\alpha \,.\, dn \,.\, b \,.\left(\frac{dc}{dn} \cdot \frac{1}{\varrho_m} - \frac{d^2 c}{dn^2}\right)$$ [1]

die das Wasserteilchen verzögernde Kraft infolge innerer Flüssigkeitsreibung.

Die Einwirkung der Wandflächenreibung auf das Wasserelement möge dagegen mit der Annäherung bestimmt werden, daß die durch sie erzeugte Tangentialkraft in einer Fläche F

$$T = \psi \,.\, F \,.\, c^2$$

beträgt, wenn ψ den Koeffizient der Wandflächenreibung bezeichnet. Dann entsteht infolge Wandreibung des Elementes an beiden Kränzen (an Deckel und Boden des Apparates) die Summe von zwei Tangentialkräften

$$3) \quad \ldots\ldots\ldots \quad P_0 = 2\,\psi\, dn \,.\, \varrho_m \,.\, d\alpha \,.\, c^2.$$

Ferner ist an einem an der inneren Schaufelfläche entlanglaufenden Wasserteilchen die Tangentialkraft infolge Wandflächenreibung an der Innenwand

$$P_{0_i} = \psi \,.\, \varrho_i \,.\, d\alpha \,.\, b \,.\, c_i^2$$

und ebenso außen

$$P_{0_a} = \psi \,.\, \varrho_a \,.\, d\alpha \,.\, b \,.\, c_a^2.$$

Während aber k, der Koeffizient für innere Wasserreibung, bekannt ist[2],

$$k = \frac{1}{8000} \cdot kg \,.\, m^{-2} \,.\, sek.$$

muß ψ, der Koeffizient der Wandflächenreibung, welche noch nicht berücksichtigt ist, berechnet werden, bevor wir für jeden einzelnen der oben konstruierten Wasserfäden die Reibung einführen können.

Wir suchen zu diesem Zwecke zunächst die mittlere Verzögerung des Wassers aller acht Fäden infolge Reibung zwischen 2 Querschnitten auf. — Die Masse eines durch die Querschnitte begrenzten Wasserfadenelementes wird mit dem spezifischen Gewicht des Wassers $\gamma = 1000$ kg/cbm aus

---

[1] Das Resultat stimmt mit der hypothetischen Gleichung im Kap. XI der Brauer'schen Turbinentheorie überein.

[2] Brodmann, Untersuchungen über den Reibungskoeffizienten von Flüssigkeiten. Göttingen 1891.

$$M = \frac{\gamma}{g} \cdot \varrho d\alpha \,.\, dn \,.\, b$$

gefunden, und die Verzögerung, die das Element beim Durchfließen der Bahn $\varrho d\alpha$ infolge Reibung erleidet, ist für ein Element in der Mitte des Kanales

$$\varphi = \frac{R + P_0}{M}$$

für das Element an dem inneren Rande

$$\varphi_1 = \frac{R + P_0 + P_{0_i}}{M}$$

und für das Element an der äußeren Schaufel

$$\varphi_8 = \frac{R + P_0 + P_{0_a}}{M}.$$

Die mittlere Verzögerung aller acht Elemente erhält man somit bei dem gleichen Winkel $d\alpha$ aller Wasserfäden und bei konstanter Breite b aus

$$\varphi_m = \frac{\varphi_1 \, dn_1 \,.\, \varrho_1 + \varphi_2 \, dn_2 \,.\, \varrho_2 + \ldots\ldots + \varphi_7 \, dn_7 \,.\, \varrho_7 + \varphi_8 \, dn_8 \,.\, \varrho_8}{\varrho_m \,.\, \Sigma \, dn},$$

oder mit Einsetzung aller Werte

$$\varphi_m = \frac{\Sigma k \,.\, \varrho d\alpha \,.\, dn \,.\, b \cdot \left[\frac{dc}{dn} \cdot \frac{1}{\varrho} - \frac{d^2 c}{dn^2}\right] \cdot \frac{g}{\gamma \,.\, \varrho d\alpha \,.\, b \,.\, dn} \cdot \varrho \,.\, dn}{\varrho_m \,.\, \Sigma \, dn} +$$

$$+ \frac{\Sigma \frac{2\psi \,.\, dn \,.\, \varrho d\alpha \,.\, c^2 \,.\, g}{\gamma \,.\, \varrho d\alpha \,.\, b \,.\, dn} \cdot \varrho \,.\, dn}{\varrho_m \,.\, \Sigma \, dn} + \frac{\frac{\psi \,.\, dn_1 \,.\, \varrho_1 d\alpha \,.\, c_1^2 \,.\, g}{\gamma \,.\, \varrho_1 d\alpha \,.\, b \,.\, dn_1} \varrho_1 \,.\, dn_1}{\varrho_m \,.\, \Sigma \, dn} +$$

$$+ \frac{\frac{\psi \,.\, dn_8 \,.\, \varrho_8 \,.\, d\alpha \,.\, c_8^2 \,.\, g}{\gamma \,.\, \varrho_8 d\alpha \,.\, b \,.\, dn_8} \cdot \varrho_8 \,.\, dn_8}{\varrho_m \,.\, \Sigma \, dn}.$$

$$4) \quad \varphi_m = \frac{1}{\varrho_m \,.\, \Sigma \, dn} \left[\Sigma \frac{k \,.\, g \,.\, \varrho}{\gamma} \left(\frac{dc}{dn} \cdot \frac{1}{\varrho} - \frac{d^2 c}{dn^2} \right) dn + \Sigma \frac{2\psi \,.\, g \,.\, \varrho}{\gamma} \cdot \frac{c^2}{b} \cdot dn + \right.$$

$$\left. + \frac{\psi \cdot g \cdot \varrho_1}{\gamma} \frac{c_1^2}{b} dn_1 + \frac{\psi \cdot g \cdot \varrho_8}{\gamma} \cdot \frac{c_8^2}{b} \cdot dn_8 \right].$$

Die so gefundene mittlere Verzögerung setzen wir der Verzögerung φ_m der mittleren Geschwindigkeit zwischen zwei Querschnitten gleich, welche dem in der Mitte des Kanales freigebliebenen Streifen entspricht. Hat z. B. in einem Querschnitte 1. dieser Streifen die Breite l_1 und im nächsten 2. die Breite l_2, so ist diese Verzögerung

$$\varphi_m = (c' - c_{m_2}) \cdot \frac{1}{dt},$$

wenn

$$c' = \frac{V}{\left(a_2 - l_2 + l_1 \cdot \frac{a_2}{a_1}\right)} \quad \text{und}$$

$$c_{m_2} = \frac{V}{a_2 \cdot b_2}$$

und dt die Zeit bezeichnet, in welcher das Wasser den mittleren Weg zwischen den 2 Querschnitten mit der mittleren Geschwindigkeit

$$v = \frac{c_{m_1} + c_{m_2}}{2}$$

zurücklegt. Daher ist

$$5) \quad \ldots\ldots\ldots \quad \varphi_m = (c' - c_{m_2}) \frac{v}{\varrho_m \cdot d\alpha}.$$

Aus Gleichung 4) und 5) wurde nun ψ bestimmt mit Verwendung der über den Querschnitten aufgezeichneten Geschwindigkeitskurven, wie sie sich aus den bis jetzt konstruierten Wasserfäden ergaben. Die Werte $\frac{dc}{dn}$ und $\frac{d^2c}{dn^2}$ wurden dabei durch Anlegen von Tangenten an die Geschwindigkeitskurven in den betreffenden Punkten gefunden.

Die innere Flüssigkeitsreibung ist bei Kanal I gegenüber der Wandflächereibung infolge der im Vergleich zum Umfang geringen Querschnittsfläche sehr klein, so daß jene bei der nun folgenden Neubestimmung der einzelnen Wasserfäden vernachlässigt werden konnte.

Von dem Eintrittsquerschnitt ausgehend wurde in allen Normalschnitten der Wasserfäden die mit Einführung der Reibung entstehende neue Weite berechnet. Von einem Querschnitt zum andern ist nämlich die Verzögerung eines Wasserelementes in der Mitte des Kanales infolge Wandflächenreibung

$$6)\quad \ldots\ldots \varphi\,.\,dt = \frac{P_0\,dt}{M} = \frac{2\psi\,.\,\varrho d\alpha\,.\,dn\,.\,v^2}{\frac{\gamma}{g}\,.\,\varrho d\alpha\,.\,dn\,.\,b}\,.\,\frac{\varrho d\alpha}{v}$$

$$= \frac{g\,.\,\psi}{\gamma}\cdot\varrho d\alpha\cdot v\cdot\frac{2}{b},$$

wenn v die mittlere Geschwindigkeit in dem alten Wasserfaden zwischen den 2 Querschnitten darstellt. Für ein Element der Randfäden wird diese Verzögerung:

$$\varphi\,.\,dt = \frac{g\,.\,\psi}{\gamma}\cdot\varrho d\alpha\cdot v\cdot\frac{2}{b} + \frac{\psi\,.\,b\,.\,\varrho d\alpha\,.\,v^2}{\frac{\gamma}{g}\cdot\varrho d\alpha\,.\,dn\,.\,b}\,.\,\frac{\varrho d\alpha}{v}$$

$$= \frac{g\,.\,\psi}{\gamma}\cdot\varrho d\alpha\left(\frac{2}{b} + \frac{1}{dn}\right)\cdot v.$$

Die neuen Weiten dn' der einzelnen Wasserfäden folgen dann aus

$$7)\quad \ldots\ldots\ldots\ldots dn' = dn\cdot\frac{c}{c - \varphi\,dt}$$

und werden in den Kanal von den Rändern ausgehend eingetragen. Eine Übereinstimmung der Fäden in der Mitte mußte dabei eintreten, da ψ in den verschiedenen Abschnitten des Kanales berechnet war. Nun wurden nochmals die neuen Geschwindigkeiten

$$c' = \frac{dn_0}{dn'}\cdot c_0$$

über den Kanalquerschnitten aufgezeichnet (Tafel 2), und durch Ausplanimetrieren die mittleren Geschwindigkeiten in denselben gefunden. Als Beweis der Richtigkeit der Geschwindigkeitskurven ergab sich, daß diese mittlere Geschwindigkeit in 9 Querschnitten mit der Geschwindigkeit $c_m = \frac{V}{F}$ übereinstimmte. Auch die durch Parabelmessungen erhaltenen Ausflußgeschwindigkeiten und die Form des ausfließenden Strahles lassen die im Querschnitt 5 erhaltene Geschwindigkeitskurve als richtig erscheinen. Leider ist es infolge Unsicherheit der Druckkurven am Ende des Kanales nicht möglich, die Wasserfäden bis zum Ausfluß zu verzeichnen, die Geschwindigkeitskurve im Querschnitt 5 gibt aber zusammen mit den Druckkurven genügenden Einblick über die Vorgänge im Kanal kurz vor dem Ausfluß.

Behalten wir nämlich das Bild der einzelnen Wasserfäden bei, so zeigen die Geschwindigkeitskurven im Verlauf des Kanales, daß die Geschwindigkeiten des inneren Randfadens bedeutend größer sind, als die äußeren, wie ja schon aus den Druckkurven zu schließen war. Im ausfließenden Strahl aber ergeben die Parabelmessungen eine größere Geschwindigkeit auf der Außenseite als auf der Innenseite und die Geschwindigkeitskurve im Querschnitt 5 zeigt schon deutlich das Ansteigen der Geschwindigkeit auf der Außenseite. Die Erklärung des ganzen Vorganges ist folgende.

Aus den Druckkurven ist zu ersehen, daß für den inneren Randfaden und seine Nachbarn kurz vor dem Ausfluß Unterdruck eintritt, der dann ziemlich schnell wieder verschwinden muß, da im Ausfluß selbst der Druck 0 herrscht. Infolge dieser Druckverteilung wird aber die Masse eines an der betreffenden Stelle befindlichen Wasserfadenelementes plötzlich verzögert, während gleichzeitig bei den äußeren Randfäden eine Beschleunigung eintritt. Ja es wird sogar die Ausflußgeschwindigkeit außen größer wie innen, denn die Geschwindigkeitshöhen richten sich bei dem gleichen Druck im ganzen Ausflußquerschnitt nach den Reibungsverlusten der einzelnen Wasserfäden. Das Wasser erleidet aber bei dem Durchfluß des inneren Fadens infolge größerer Geschwindigkeit größere Verluste durch Reibung als bei dem Durchfluß des äußeren. Dabei tritt an einigen Stellen Energieaustausch zwischen den benachbarten Wasserfäden ein. Z. B. nimmt für den inneren Randfaden der spezifische Energiewert von Querschnitt 2 an zu und wird im Querschnitt 3 größer als das zur Verfügung stehende Gesamtgefälle, während die Energie der benachbarten Wasserfäden sehr verringert ist. Man erkennt dies aus den starken Einschnitten der Geschwindigkeitskurven, die ohne entgegengesetzte Schwankungen der Druckkurven erfolgen (Tafel II).

In Wahrheit sind die Wasserbewegungen in einem Turbinenkanal nicht so einfach, wie sie durch die Vorstellung von Wasserfäden erscheinen; aber man muß diese Annäherung einführen, um überhaupt eine theoretische Behandlung der komplizierten Vorgänge zu ermöglichen.

Noch eine weitere Betrachtung kann über den Verlauf der Geschwindigkeitskurven angestellt werden. Es zeigt sich nämlich in allen Querschnitten, daß die Randgeschwindigkeit innen

$$8) \quad \ldots \ldots \quad u_i = k' \cdot c_m = k' \cdot \frac{V}{F}$$

und die Randgeschwindigkeit außen

$$9) \quad \ldots \ldots \quad u_a = k'' \cdot c_m = k'' \cdot \frac{V}{F}$$

ist und daß der Wert der Konstanten aus den Gleichungen

$$k' = \frac{r_m}{\varrho_i}$$

$$k'' = \frac{r_m}{\varrho_a}$$

$$r_m = \frac{\varrho_i + \varrho_a}{2}$$

berechnet werden kann, wenn ϱ_i den Krümmungsradius der inneren und ϱ_a den der äußeren Kanalwand angibt. Diese Gleichungen sind für die nun folgenden Betrachtungen wichtig.

---

3. Kapitel.

Aufstellung einer Formel zur Berechnung des Energieverlustes, den das Wasser beim Durchfluß durch Turbinenkanäle erleidet.

Die theoretische Grundlage einer solchen Formel kann natürlich nur dadurch erlangt werden, daß man wiederum durch vereinfachende Annahmen die verwickelten Wasserbewegungen der Theorie zugänglich macht, besonders da hier der leichten Anwendung der Formel wegen der Kanalinhalt nur durch mittlere Normalschnitte, nicht durch Wasserfaden in einzeln zu betrachtende Teile zerlegt werden soll.

Schon bei der Aufstellung dieser mittleren Normalschnitte ist eine Annäherung nötig.

Von einem Punkte M im Kanal, der von beiden Schaufeln gleich weit entfernt ist, werden Normalen zu den Schaufeln gelegt, und auf diesen die entsprechenden Krümmungsmittelpunkte A und B der Schaufelkurven aufgesucht. Verbindet man dann die 2 Mittelpunkte durch eine Gerade, so wird der in der Mitte zwischen A und B liegende Punkt C von dem Krümmungsmittelpunkte des durch M gehenden Wasserfadens nicht sehr verschieden sein. Man kann daher einen durch M und C gelegten Schnitt als mittleren Normalschnitt durch den ganzen Kanal annehmen. Nach diesem Verfahren[1]) wurden Querschnitte in alle Kanäle eingezeichnet

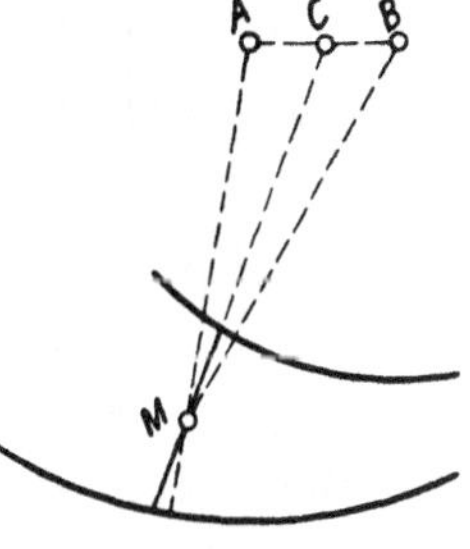

Fig. 9.

[1]) Dasselbe ist einem von Prof. Brauer im Bezirksverein Karlsruhe des Vereines d. Ing. gehaltenen noch nicht veröffentlichten Vortrag entnommen.

und alle Punkte M durch eine Kurve, die Kanalmittellinie, verbunden. Sucht man dann die mittlere Energie pro kg Wasser in jedem normalen Querschnitte auf, so kann man mit der Zuordnung dieser Energie zu den entsprechenden Punkten M Energiekurven verzeichnen, wie sie in Tafel II, III und IV ersichtlich sind. Dabei wird die mittlere Energie pro kg Wasser

$$E = \frac{c_m^2}{2g} + h_m$$

gesetzt und

$$c_m = \frac{V}{F}\ ^{1)}$$

und h_m, die mittlere aller über den Normalschnitten aufgezeichneten Druckhöhen in m Wassersäule, aus dem Versuch gefunden.

Der Verlauf dieser Energiekurven ist maßgebend für die Aufstellung der gesuchten Formeln, bei welchen bezeichnen möge:

V = die Wassermenge, die durch den Kanal fließt, in cbm/Sek.,

a = die Weite des Kanales auf der mittleren Normalen C M gemessen in m,

b = die lichte Höhe des Kanales in m,

F = die mittlere normale Querschnittsfläche in qm,

$c_m = \frac{V}{F}$ die mittlere Wassergeschwindigkeit in m/Sek.,

U = der Umfang des Querschnittes in m,

ϱ_m = der Krümmungsradius der durch die Punkte M gehenden Kanalmittellinie in m,

$(\varrho\, d\alpha)_m$ = die Länge der Kanalmittellinie in einem durch 2 mittlere Normalschnitte begrenzten Kanalabschnitt in m,

$d\alpha = \frac{(\varrho\, d\alpha)_m}{\varrho_m}$ = der Ablenkungswinkel der Kanalmittellinie in dem Kanalabschnitt,

$a', U', F', c_m', \varrho_m'$ = Mittelwerte in dem Kanalabschnitt, gefunden durch Bestimmung des Mittels der in den Begrenzungsquerschnitten gültigen Werte.

Bei dem Kanal I wurde zunächst eine aus Weisbachschen Gleichungen zusammengesetzte Formel aufgestellt, und der Energie-

---

1) Es ist eine zur leichteren Anwendung der Formel gemachte Annahme, wenn $c_m = \frac{V}{F}$ gleich der in der Kanalmittellinie vorhandenen Geschwindigkeit gesetzt wird. Da das Wasser innen eine größere Geschwindigkeit als außen besitzt, so fließt zu beiden Seiten der Kanalmittellinie nicht die gleiche Wassermenge pro Sek. durch den Kanal.

verlust pro kg Wasser in den einzelnen Abschnitten des Kanales berechnet aus

$$E_v = \left[\zeta_1 (\varrho \, d\alpha)_m \cdot \frac{U'}{F'} + \zeta_2 \cdot \frac{d\alpha^\circ}{90^\circ}\right] \cdot \frac{c'_m{}^2}{2g}$$

mit

$$\zeta_1 = 0{,}0036 + \frac{0{,}00237}{\sqrt{c'_m}}$$

und

$$\zeta_2 = 0{,}074 + 0{,}6\left(\frac{a}{\varrho}\right)^{3,5}.$$

ζ_1 entspricht dem von Weisbach gefundenen Koeffizienten für Rohrreibung, während die Konstanten von ζ_2 so gewählt sind, daß die Formel in allen Abschnitten des Kanales I stimmt.

Wollte man diese Formel auch bei Kanal II anwenden, so müßte zu ihr den hier stattfindenden starken Schwankungen der Energiekurve entsprechend noch ein Glied hinzugefügt werden, das stellenweise auch negativ wird.

Da es jedoch nicht gelang ein solches Glied zu finden, so wurde ein neuer Weg eingeschlagen, der nach vielen mißglückten Rechnungen zum Ziele zu führen scheint.

In der neuen Formel soll, soweit dies möglich ist, eine Trennung der Energieverluste in solche, die durch äußere Wandflächenreibung, und solche, die durch innere Flüssigkeitsreibung entstehen, vorgenommen werden.

Zur Berechnung der Widerstandshöhe infolge Reibung an den Kanalwänden wurde die von Hagen aufgestellte Formel für Leitungswiderstand in Röhren verwandt

$$B_l = a \cdot \frac{u^2}{d} + b \cdot \frac{u}{d^2},$$

deren Koeffizienten a und b nicht merklich vom Material der Röhre abhängig sind, und die den Vorteil gewährt, daß aus ihr der durch Wandreibung verursachte Widerstand getrennt entnommen werden kann.[1])

Stellt man sich nämlich vor, daß der Einfluß der Wandflächenreibung sich unmittelbar nur auf eine Wasserschicht am Umfang von sehr kleiner mittlerer Dicke δ erstreckt, und daß durch den wiederholten plötzlichen Wechsel dieser Schichtdicke zwischen einem Minimum $= \delta_1$ und einem Maximum $= \delta_2$ eine entsprechende plötzliche Geschwindigkeitsände-

[1]) Grashof, Theoretische Maschinenlehre. I. Bd. § 90.

rung zwischen dem Maximum w_1 und dem Minimum w_2 bedingt wird, so entspricht jedem solchen plötzlichen Übergang der Geschwindigkeit von w_1 in w_2 eine Widerstandshöhe $= \frac{(w_1 - w_2)^2}{2g}$ oder, wenn w' die mittlere Geschwindigkeit in der fraglichen Oberflächenschicht in tangentialer Richtung an die Kanalmittellinie bedeutet, eine Widerstandshöhe

$$= \zeta' \cdot \frac{w'^2}{2g} = \frac{(w_1 - w_2)^2}{2g},$$

$$\zeta' = \left(\frac{w_1}{w'} - \frac{w_2}{w'}\right)^2 = \left(\frac{\delta}{\delta_1} - \frac{\delta}{\delta_2}\right)^2.$$

Wenn also irgend einer der Wasserfäden, in welche die fragliche Oberflächenschicht des Wassers zerlegt werden kann, pro Längeneinheit im Durchschnitt n solcher plötzlichen Querschnitts- und Geschwindigkeitsänderungen erfährt, so ist die entsprechende spezifische (auf die Längeneinheit bezogene) Widerstandshöhe oder Widerstandsarbeit pro 1 kg des in der Oberflächenschicht fließenden Wassers $= n \cdot \zeta' \cdot \frac{w'^2}{2g}$ und endlich pro 1 kg des in dem ganzen Kanal vom Querschnitt F' mit der mittleren Geschwindigkeit c'_m fliessenden Wassers

$$E_v = \frac{U' . \delta . w'}{F' . c'_m} \cdot n \cdot \zeta' \cdot \frac{w'^2}{2g} = \frac{U'}{F'} \cdot \delta . n . \zeta' \cdot \frac{w'}{c'_m} \cdot \frac{w'^2}{2g},$$

oder mit $\frac{w'}{c'_m} = \varepsilon$ und Konstante $a = \frac{2n . \delta . \varepsilon^3 . \zeta'}{g}$

$$E_v = \frac{U'}{F'} \cdot c'^2_m \cdot \frac{a}{4}$$

für die Längeneinheit. Dieser Wert entspricht dem ersten Glied der Hagenschen Formel.

Setzt man

$$E_v = \zeta \cdot \frac{U'}{F'} \cdot \frac{c'^2_m}{2g},$$

so wird

$$\zeta = \frac{a . 2g}{4},$$

und mit Einsetzung des Hagenschen Wertes $a = 0{,}0012017$

$$\zeta = 0{,}00589, \text{ abgerundet } \zeta = 0{,}006.$$

Der Energieverlust pro kg Wasser infolge Wandflächenreibung beim Durchfluß durch einen Kanalabschnitt von der mittleren Länge $ds = (\varrho\, d\alpha)_m$ ist somit

$$10) \quad . \quad . \quad . \quad . \quad . \quad E_{v_I} = 0{,}006 \cdot \frac{U'}{F'} \cdot (\varrho\, d\alpha)_m \cdot \frac{c'^2_m}{2g}.$$

In einigen Kanalabschnitten des großen Kanales übersteigt dieser Wert E_{v_I} schon den Wert des gesamten aus dem Versuch berechneten Energieverlustes pro kg.

Wir müssen daher in die Formel ein weiteres Glied einführen, das die Krümmung des Kanales berücksichtigend den Wert E_{v_I} korrigiert.

Infolge der Verschiedenheit der Wasserbewegungen in gekrümmten und in geraden Kanälen wird die Wandflächenreibung in einigen Kanalabschnitten des gekrümmten Kanales kleiner oder größer als diejenige äußere Reibung, welche in einem geraden Kanalabschnitt von gleicher mittlerer Länge eintritt. Das Korrekturglied wurde in Abhängigkeit von folgenden Größen gefunden.

Zunächst kehren wir zu den im vorigen Kapitel gefundenen Geschwindigkeiten (Tafel 2) zurück und nehmen zur Vereinfachung der Betrachtung eine geradlinige Veränderung der Geschwindigkeiten in den mittleren Normalschnitten an. Wollten wir aber die beiden aus Gleichung 8) und 9) berechneten Randgeschwindigkeiten durch eine Gerade als Geschwindigkeitskurve verbinden, so würde die mittlere Geschwindigkeit $c_m = \frac{u_i + u_a}{2}$ nicht mit der Geschwindigkeit $c_m = \frac{V}{F}$ übereinstimmen, da

$$\frac{u_i + u_a}{2} = \frac{1}{2}\left(\frac{r_m}{\varrho_i} + \frac{r_m}{\varrho_a}\right) c_m$$

oder mit Einsetzung des Wertes

$$r_m = \frac{\varrho_i + \varrho_a}{2}$$

$$\frac{u_i + u_a}{2} = \frac{1}{2}\left(\frac{1}{\varrho_i} + \frac{1}{\varrho_a}\right) \frac{\varrho_i + \varrho_a}{2} \cdot c_m \gtrless c_m$$

ist. Führen wir aber mit genügender Annäherung (s. Tafel II) statt r_m den Wert

$$11) \quad . \quad . \quad . \quad . \quad . \quad . \quad . \quad . \quad . \quad . \quad \varrho_{m_1} = \frac{2 \cdot \varrho_i \cdot \varrho_a}{\varrho_i + \varrho_a}$$

ein, so wird

$$c_i = \frac{\varrho_{m_1}}{\varrho_i} c_m, \quad c_a = \frac{\varrho_{m_1}}{\varrho_a} \cdot c_m$$

und

$$c_m = \frac{c_i + c_a}{2} = \frac{1}{2}\left(\frac{1}{\varrho_i} + \frac{1}{\varrho_a}\right) \cdot \frac{2\,\varrho_i \cdot \varrho_a}{\varrho_i + \varrho_a} \cdot c_m = c_m.$$

Die mit dieser Berechnung aufgestellten geradlinigen Geschwindigkeitskurven sind in Tafel II über den Normalschnitten eingezeichnet, (—·—·—) und es kann die Größe der inneren Randgeschwindigkeit

12) . . . . $c_i = \frac{\varrho_{m_1}}{\varrho_i} \cdot c_m$

und die der äußeren

12) . . . . $c_a = \frac{\varrho_{m_1}}{\varrho_a} \cdot c_m$

auch bei Kanälen mit wechselnder Krümmung leicht bestimmt werden. Trägt man von den Schnittpunkten der Normalschnitte mit den Schaufelkurven nach beiden Seiten immer das gleiche Stück $\frac{\varrho \varDelta \alpha}{2}$ auf die Schaufelkurve auf, zeichnet in die Endpunkte Tangenten und schlägt um den Schnittpunkt der Tangenten immer mit dem gleichen an sich beliebigen Radius b einen Kreis, so kann aus der Bogenlänge $b \varDelta \alpha = s$ (in m) des Kreises zwischen den beiden Tangenten der Krümmungsradius ϱ (in m) der Schaufelkurve gefunden werden. Es ist

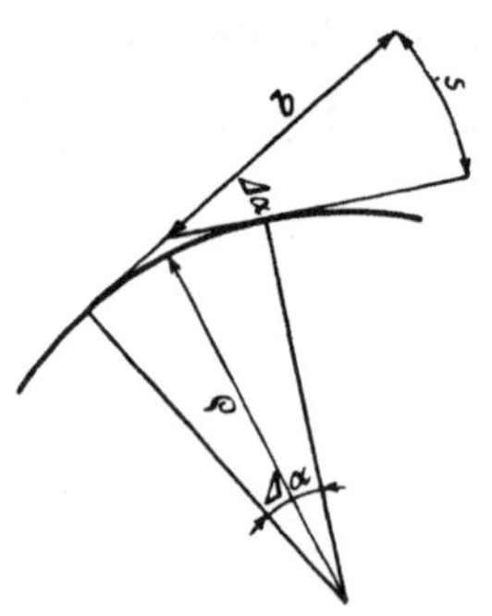

Fig. 10.

$$\varDelta \alpha = \frac{b \cdot \varDelta \alpha}{b}$$

$$\varrho = \frac{\varrho \varDelta \alpha}{\varDelta \alpha} = \frac{\varrho \cdot \varDelta \alpha \cdot b}{b \cdot \varDelta \alpha} = \frac{C}{s}.$$

Man braucht aber ϱ_i und ϱ_a garnicht einzeln zu bestimmen, sondern man erhält mit

$$\varrho_i = \frac{C}{s_i}, \quad \varrho_a = \frac{C}{s_a}$$

und

$$\varrho_{m_1} = \frac{2\,\varrho_i \cdot \varrho_a}{\varrho_i + \varrho_a} = \frac{\frac{2\,C^2}{s_i \cdot s_a}}{\frac{C}{s_i} + \frac{C}{s_a}} = \frac{2\,C}{s_i + s_a}$$

$$\frac{\varrho_{m_1}}{\varrho_i} = \frac{\frac{2\,C}{s_i + s_a}}{\frac{C}{s_i}} = \frac{2\,s_i}{s_i + s_a}$$

13) . . . . $$\frac{\varrho_{m_1}}{\varrho_a} = \frac{2\,s_a}{s_i + s_a}.$$

Für den Sonderfall $\varrho_i = \varrho_a$ ist dann $\varrho_{m_1} = \varrho_i = \varrho_a$ und $\frac{\varrho_{m_1}}{\varrho_i} = \frac{\varrho_{m_1}}{\varrho_a} = 1$, somit

$$c_i = c_m = c_a$$

Für $\varrho_a = \infty$ wird

$$\varrho_{m_1} = \frac{2\,\varrho_i \cdot \infty}{\varrho_i + \infty} = 2\,\varrho_i$$

und

$$\frac{\varrho_{m_1}}{\varrho_i} = 2, \quad \frac{\varrho_{m_1}}{\varrho_a} = 0,$$

somit

$$c_i = 2\,c_m \text{ und } c_a = 0$$ [1])

Bei Turbinenkanälen ist meist

$$\frac{\varrho_{m_1}}{\varrho_i} > 1 \quad \text{und} \quad \frac{\varrho_{m_1}}{\varrho_a} < 1.$$

Das Wasser fließt also innen schneller wie außen.

Dabei entsteht eine größere innere Flüssigkeitsreibung als in geraden Rohrleitungen, für welche das zweite Glied der Hagenschen Formel $b\,\frac{u}{d^2}$ einen so kleinen Wert der inneren Flüssigkeitsreibung angibt, daß sie im Vergleich zur Wandflächenreibung vernachlässigt werden kann. Bei gekrümmten Kanälen wäre diese Vernachlässigung

[1]) Diese Werte geben nicht die wirklichen Größen der Geschwindigkeiten an, sondern dienen nur zur Berechnung der Verluste.

nur dann zulässig, wenn sich das Wasser wie in einer Zentrifuge bewegte, d. h. wenn sich die Geschwindigkeiten verhielten wie die entsprechenden Krümmungsradien der Bahnen. Wir suchen daher diejenigen Geschwindigkeiten v auf, die eintreten müßten, wenn die Wasserbewegung im Turbinenkanal der Bewegung in einer Zentrifuge entsprechen würde.

Für den inneren Randfaden wäre

$$v_i = c_m - \frac{c_m}{\varrho_m} \cdot \frac{a}{2} = c_m \left(1 - \frac{a}{2\,\varrho_m}\right)$$

und für den äußeren

$$v_a = c_m + \frac{c_m}{\varrho_m} \cdot \frac{a}{2} = c_m \left(1 + \frac{a}{2\,\varrho_m}\right).$$

Durch den Vergleich dieser Geschwindigkeiten v mit den Geschwindigkeiten c wurde nach vielen Rechnungen folgender Weg zur Ableitung des Korrekturgliedes der Wandflächenreibung aus den Versuchswerten gefunden.

Bestimmt man in einem Kanalabschnitt von einem bis zum anderen mittleren Normalschnitt die Zunahmen der Geschwindigkeiten c und v, sie seien dc und dv, und setzt deren Differenz $dc - dv = dw$, so wird das Korrekturglied positiv, wenn dw positiv, und umgekehrt. Ferner entspricht der Geschwindigkeitszunahme dw eine Beschleunigung φ, der Beschleunigung eine Kraft K, der Kraft eine Arbeit und dieser Arbeit ist das Korrekturglied proportional.

Die Ausführung der Berechnung geschieht in der Weise, daß

$$\varphi_i = \frac{dw_i}{dt} \text{ mit } dt = \frac{(\varrho\, d\alpha)_i}{c'_i},$$

also

$$\varphi_i = \frac{c'_i \,.\, dw_i}{(\varrho\, d\alpha)_i}$$

und

$$\varphi_a = \frac{c'_a \,.\, dw_a}{(\varrho\, d\alpha)_a}$$

gesetzt wird und die entsprechenden beschleunigenden Kräfte für ein an den betreffenden Rändern fließendes kg Wasser sich aus den Gleichungen

$$K_i = \frac{1}{g} \cdot \varphi_i$$

$$K_a = \frac{1}{g} \cdot \varphi_a$$

ergeben. Machen wir nun weiter die Annäherung,[1]) daß die beschleunigende Kraft K pro kg (verzögernde Kraft bei φ negativ) von einer bis zu der anderen Schaufel sich proportional der Breite ändert, so kann die mittlere Arbeit A der den Geschwindigkeitszunahmen dw entsprechenden Kräfte K pro kg Wasser gefunden werden. Die Summe der Kräfte K ist

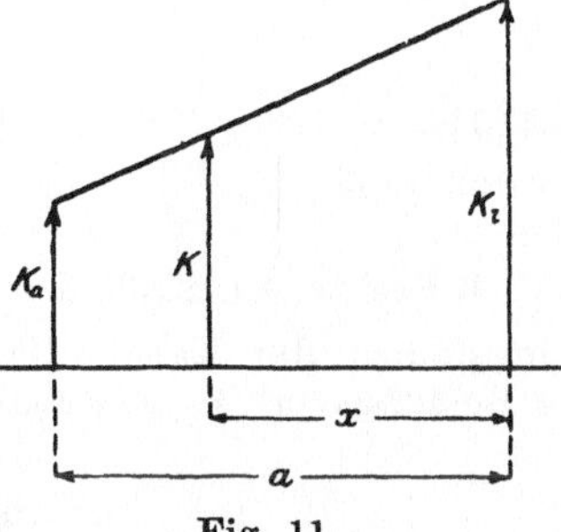

Fig. 11.

$$\Sigma K = \frac{a}{2}(K_i + K_a),$$

und der Weg für ein durch den ganzen Normalschnitt fließendes kg Wasser sei $(\varrho d\alpha)$, so dass $a . b (\varrho d \alpha) . \gamma = 1$ kg, dann wird

$$\frac{a . b . (\varrho d \alpha) . \gamma}{a . b . (\varrho d \alpha)_m . \gamma} = \frac{1}{a . b . (\varrho d \alpha)_m . \gamma} = \frac{(\varrho d \alpha)}{(\varrho d \alpha)_m}$$

und

$$A = \Sigma K . (\varrho d \alpha) = \frac{a}{2}(K_i + K_a) \cdot \frac{(\varrho d \alpha)_m}{a . b . (\varrho d \alpha)_m . \gamma}$$

$$A = \frac{1}{2}(K_i + K_a)\frac{1}{b . \gamma}$$

oder mit Einsetzung aller Werte

$$A = \frac{1}{2 . g . \gamma} \cdot \left(\frac{c'_i . dw_i}{(\varrho d \alpha)_i} + \frac{c'_a . dw_a}{(\varrho d \alpha)_a}\right)\frac{1}{b}.$$

Dieser Wert A giebt in den einzelnen Abschnitten der Kanäle mit einem konstanten Faktor versehen Werte an, wie sie zur Korrektur der Wandflächenreibung nach Formel 10) nötig erscheinen. Aus den Tabellen 11) und 12) geht das deutlich hervor. Der Faktor erhielt mit $\frac{2}{2 . \gamma . g}$ multipliziert die Größe

$$\frac{k}{2 . \gamma . g} = 0{,}000004$$

und das weitere Glied der neuen Formel lautet

$$E_{v_{II}} = 0{,}000004\left(\frac{c'_i . dw_i}{(\varrho d \alpha)_i} + \frac{c'_a . dw_a}{(\varrho d \alpha)_a}\right)\frac{1}{b}.$$

[1]) Diese Annäherung ist erlaubt, da bei der Ausrechnung der Kraft K an beliebiger Stelle x des Querschnittes der Koeffizient des Gliedes, das x^2 enthält, sehr klein im Verhältnis zu x wird.

Die Berechnung dieses Ausdruckes ist dadurch sehr vereinfacht, daß bei der Voraussetzung der Gleichung 11)

$$\frac{\varrho_{m_1}}{\varrho_i} + \frac{\varrho_{m_1}}{\varrho_a} = 2$$

und $dw_i = -dw_a$[1]) wird, daß also nur einer der beiden Werte bestimmt werden muß.

---

[1]) Setzen wir nämlich $c_m \cdot \frac{a}{2} = C$ = Konstante und ϱ_1 und ϱ_2 = Krümmungsradien der Kanalmittellinie im Querschnitt 1 und 2, zwischen welchen der Reibungsverlust im Kanal untersucht werden soll, so ist

$$v_{i_1} = c_{m_1} - \frac{C}{\varrho_1} \qquad v_{i_2} = c_{m_2} - \frac{C}{\varrho_2}$$

$$v_{a_1} = c_{m_1} + \frac{C}{\varrho_1} \qquad v_{a_2} = c_{m_2} + \frac{C}{\varrho_2}.$$

folglich

$$dv_i = c_{m_2} - c_{m_1} - C\left(\frac{1}{\varrho_2} - \frac{1}{\varrho_1}\right),$$

$$dv_a = c_{m_2} - c_{m_1} + C\left(\frac{1}{\varrho_2} - \frac{1}{\varrho_1}\right).$$

Ferner wird

$$dc_i = \left(\frac{\varrho_{m_1}}{\varrho_i}\right)_2 c_{m_2} - \left(\frac{\varrho_{m_1}}{\varrho_i}\right)_1 \cdot c_{m_1}$$

und

$$dc_a = \left(\frac{\varrho_{m_1}}{\varrho_a}\right)_2 c_{m_2} - \left(\frac{\varrho_{m_1}}{\varrho_a}\right)_1 \cdot c_{m_1}.$$

Soll nun

$$dw_i = -dw_a$$

also

$$dw_i + dw_a = 0$$

sein, so muß

$$dc_i - dv_i + dc_a - dv_a = 0$$

werden. Also

$$\left(\frac{\varrho_{m_1}}{\varrho_i}\right)_2 c_{m_2} - \left(\frac{\varrho_{m_1}}{\varrho_i}\right)_1 c_{m_1} - c_{m_2} + c_{m_1} + C\left(\frac{1}{\varrho_2} - \frac{1}{\varrho_1}\right) +$$

$$+ \left(\frac{\varrho_{m_1}}{\varrho_a}\right) c_{m_2} - \left(\frac{\varrho_{m_1}}{\varrho_a}\right) c_{m_1} - c_{m_2} + c_{m_1} - C\left(\frac{1}{\varrho_2} - \frac{1}{\varrho_1}\right) = 0,$$

$$c_{m_2}\left[\left(\frac{\varrho_{m_1}}{\varrho_i}\right)_2 + \left(\frac{\varrho_{m_1}}{\varrho_a}\right)_2 - 2\right] - c_{m_1}\left[\left(\frac{\varrho_{m_1}}{\varrho_i}\right)_1 + \left(\frac{\varrho_{m_1}}{\varrho_a}\right)_1 - 2\right] +$$

$$+ C\left(\frac{1}{\varrho_2} - \frac{1}{\varrho_1} - \frac{1}{\varrho_2} + \frac{1}{\varrho_1}\right) = 0.$$

Diese Gleichung stimmt nach obiger Voraussetzung

$$\frac{\varrho_{m_1}}{\varrho_i} + \frac{\varrho_{m_1}}{\varrho_a} = 2.$$

Noch ein drittes Glied ist in die Formel einzuführen, das auch von der Krümmung abhängig, die innere Flüssigkeitsreibung zu umfassen scheint. Es wurde aus den Versuchsresultaten durch Eintragen der Differenzen der Versuchswerte und der bis jetzt berechneten E_v in ein rechtwinkliges Koordinatensystem entnommen zu

$$14) \quad \ldots\ldots \quad E_{v_{III}} = 0{,}0025 \sqrt{\frac{c'_m}{\varrho'_m}}\, d\alpha.$$

Dabei gibt $\frac{c'_m}{\varrho'_m} = \omega'$ die Winkelgeschwindigkeit der mittleren Normallinien an[1]).

Die Zusammenstellung der letzten 3 Gleichungen zeigt nun den Energieverlust ΔE_v pro kg des durch einen Kanalabschnitt fließenden Wassers

$$15) \quad \ldots \quad \Delta E_v = 0{,}006 \frac{U'}{F'} \cdot (\varrho\, d\alpha)_m \cdot \frac{c'^2_m}{2g} + 0{,}0025 \sqrt{\frac{c'_m}{\varrho'_m}}\, d\alpha +$$

$$+ 0{,}000004 \left(\frac{c'_i\, dw_i}{(\varrho\, d\alpha)_i} + \frac{c'_a\, dw_a}{(\varrho\, d\alpha)_a}\right) \cdot \frac{1}{b}.$$

In der Tabelle 10, 11, 12 und 13 ist zu sehen, daß diese Formel trotz ganz verschiedener Weite, Breite und Krümmung der Kanäle I und II und trotz Anwendung verschiedener Gefälle in allen Abschnitten Werte ergibt, welche den aus den Versuchen entnommenen gut entsprechen.

Nur bei Versuch 1 und 3 (Tabelle 10 und 12) zeigten sich die gefundenen Werte kurz vor dem Normalschnitt, hinter welchem das Wasser, sei es durch Ausfluß ins Freie, sei es durch gerade parallele Schaufeln, eine gerade Bahn beschreiben kann, als zu klein. Es fehlte hier noch die Berechnung eines Energieverlustes, der den am Schluß des vorigen Kapitels erwähnten Geschwindigkeitsänderungen vor dem Ausfluß entspricht und zunächst bei Kanal I folgendermaßen erhalten wurde.

Könnten im Ausflußquerschnitt die Druckhöhen noch verschieden sein, so wäre die Geschwindigkeitshöhe innen

$$\frac{u_i^2}{2g} = \left(\frac{\varrho_{m_1}}{\varrho_i}\right)^2 \frac{c_m^2}{2g} \quad {}^{2)}$$

und außen

$$\frac{u_a^2}{2g} = \left(\frac{\varrho_{m_1}}{\varrho_a}\right)^2 \frac{c_m^2}{2g} \quad {}^{2)}$$

---

[1]) Brauer, Turbinentheorie. Kap. XI.

[2]) Diese Geschwindigkeit u ist nicht zu verwechseln mit den Geschwindigkeiten u der Gleichungen 8 und 9.

bei entsprechenden Druckhöhen h'_i und h'_a. Da aber die Druckhöhe über dem Ausflußquerschnitt konstant h = 0 ist, so beträgt die Geschwindigkeitshöhe im Ausfluß im Mittel für alle Wasserfäden

$$\frac{c_m^2}{2g} = H - \zeta \cdot \frac{c_m^2}{2g},$$

für den inneren Randfaden

$$\frac{c_i^2}{2g} = H - \zeta \cdot \frac{c_m^2}{2g} \left(\frac{\varrho_{m_1}}{\varrho_i}\right)^2 \text{ mittel}$$

und für den äußeren Randfaden

$$\frac{c_a^2}{2g} = H - \zeta \cdot \frac{c_m^2}{2g} \left(\frac{\varrho_{m_1}}{\varrho_a}\right)^2 \text{ mittel},$$

wenn $H = \frac{c_m^2}{2g} + \zeta \cdot \frac{c_m^2}{2g}$ mit Annäherung die im Eintrittsquerschnitt zur Verfügung stehende mittlere Gesamtenergie pro kg Wasser, $\zeta \cdot \frac{c_m^2}{2g}$ den mit Formel 15) bestimmten Energieverlust pro kg und $\left(\frac{\varrho_{m_1}}{\varrho_i}\right)$ mittel und $\left(\frac{\varrho_{m_1}}{\varrho_a}\right)$ mittel Mittelwerte[1]) über die ganze Kanallänge bezeichnen.

Zieht man dann $\frac{u_i^2}{2g}$ von $\frac{c_i^2}{2g}$ ab, so erhält man h'_i und entsprechend auch $h'_a = \frac{c_a^2}{2g} - \frac{u_a^2}{2g}$. h'_i wird dabei negativ, d. h. es würde bei angenommener Druckverschiedenheit im Ausfluß innen Unterdruck entstehen. Mit Berücksichtigung dieses Vorzeichens findet sich der mittlere Energieverlust aller Wasserfäden infolge Geschwindigkeitsänderungen vor dem Ausfluß pro kg Wasser

$$16) \quad \ldots\ldots\ldots \quad E_{v_a} = -k\,(h'_i + h'_a)$$

unter k einen Koeffizienten verstanden, welcher sich zu 0,25 ergeben hat.

---

[1]) Diese Mittelwerte sind aus

$$\left(\frac{\varrho_{m_1}}{\varrho_i}\right) \text{mittel} = \frac{\Sigma \frac{\varrho_{m_1}}{\varrho_i} (\varrho\, d\alpha)_i}{\Sigma (\varrho\, d\alpha)_i},$$

$$\left(\frac{\varrho_{m_1}}{\varrho_a}\right) \text{mittel} = \frac{\Sigma \frac{\varrho_{m_1}}{\varrho_a} (\varrho\, d\alpha)_a}{\Sigma (\varrho\, d\alpha)_a}$$

gefunden.

Wie schon erwähnt, tritt auch bei Kanal II dieser Energieverlust ein, denn auch hier wird durch den Versuch innen im Kanal Unterdruck und im ausfließenden Strahl außen größere Geschwindigkeit als innen festgestellt. Ferner zeigen die Druckkurven der Normalschnitte (Tafel IV, Querschnitt 9 und 10) gegen Ende des Kanales eine Abnahme der Druckhöhe auf der Außenseite, also eine Zunahme der Geschwindigkeiten. Da aber bei diesem Kanal, abgesehen von der Reibung, der Druck schon in dem Querschnitte konstant wäre, hinter welchem die beiden geraden Schaufeln einander parallel laufen, so ist der Vorgang der Geschwindigkeitsverschiebung schon kurz vor jenem Querschnitt anzunehmen.

Die Berechnung von E_{v_a} wird bei geradliniger Verlängerung bedeutend vereinfacht, da

$$\frac{u_i^2}{2g} = \frac{c_m^2}{2g} = \frac{u_a^2}{2g}$$

ist und

$$E_{v_a} = 0{,}25\left(\frac{c_m^2}{2g} - \frac{c_m^2}{2g} - \zeta\cdot\frac{c_m^2}{2g} + \zeta\cdot\frac{c_m^2}{2g}\left(\frac{\varrho_{m_i}}{\varrho_i}\right)^2 \text{mittel} + \right.$$

$$\left. + \frac{c_m^2}{2g} - \frac{c_m^2}{2g} - \zeta\cdot\frac{c_m^2}{2g} + \zeta\cdot\frac{c_m^2}{2g}\left(\frac{\varrho_{m_i}}{\varrho_a}\right)^2 \text{mittel}\right).$$

Oder

17) . . . $$E_{v_a} = 0{,}25\,\zeta\cdot\frac{c_m^2}{2g}\left[\left(\frac{\varrho_{m_i}}{\varrho_i}\right)^2 \text{mittel} + \left(\frac{\varrho_{m_i}}{\varrho_a}\right)^2 \text{mittel} - 2\right]$$

$$\text{mit } \zeta\cdot\frac{c_m^2}{2g} = \Sigma\Delta E_v \text{ nach Gleichung 15).}$$

Soll nun der Energieverlust E_v bestimmt werden, den 1 kg Wasser bei dem Durchfluß durch einen Turbinenkanal erleidet, so zerlegt man diesen durch mittlere Normalschnitte[1]) in einzelne Abschnitte und berechnet für jeden derselben nach Gleichung 15) den Wert ΔE_v dann ist

18) . . $$E_v = \Sigma\Delta E_v + E_{v_a} =$$

$$= \Sigma\left[0{,}006\frac{U'}{F'}\cdot(\varrho\, d\,\alpha)_m\cdot\frac{c'^2_m}{2g} + 0{,}0025\sqrt{\frac{c'_m}{\varrho'_m}}\cdot d\alpha + \right.$$

$$\left. + 0{,}000004\left(\frac{c'_i\, d w_i}{(\varrho d\alpha)_i} + \frac{c'_a\, d w_a}{(\varrho d\alpha)_a}\right)\cdot\frac{1}{b}\right] - 0{,}25\,(h'_i + h'_a).$$

---

[1]) Bei Kanälen mit veränderlicher Krümmung muß einer der Normalschnitte in den Punkt der inneren Schaufel gelegt werden, in welchem der Krümmungsradius am kleinsten ist.

4. Kapitel.

Anwendung der neuen Formel zur Berechnung des Energieverlustes bei Kanal III, IV, V und VII und allgemeine Betrachtung der Versuchsergebnisse.

Um die Richtigkeit der aufgestellten Formel noch weiter zu prüfen, wurden mit den Kanälen III, IV, V und VII Versuche ausgeführt (Tabelle 5, 6, 7 und 9) und gleichzeitig E_v für die Kanäle nach Gleichung 16 bestimmt (Tabelle 14, 15, 16 und 18). Die Resultate der Berechnung entsprechen den Ergebnissen des Versuches bei Kanal III, IV und VII. Bei Kanal V ist der wahre Energieverlust pro kg bedeutend größer als der berechnete, weil die hier durch Stauung (Druckkurve Tafel V) entstehenden Eintrittsverluste in der Formel unberücksichtigt bleiben. Der Kanal VII, bei dem die gleichen Vorgänge im Eintrittsquerschnitte entstehen, wurde deshalb erst von Querschnitt 1 ab beim Versuch und in der Berechnung betrachtet. Dieser Kanal VII unterscheidet sich auch dadurch von allen andern, daß bei ihm allein die Geschwindigkeit im Ausfluß auf der inneren Seite größer ist als außen, eine Ausnahme, welche mit der Verzögerung der mittleren Geschwindigkeit c_m beim Ausfließen zu erklären ist. Das Ende der inneren Schaufel steht nämlich (Tafel V) nicht parallel der Tangente, welche an die äußere Schaufel im Endpunkte gelegt werden kann, sondern es ist nach innen abgebogen, so daß eine Querschnittsvergrößerung und damit eine Verringerung der Geschwindigkeit c_m eintritt.

Es war daher bei Kanal VII nicht nötig, E_{v_a} zu bestimmen, während dieser Wert bei den anderen Kanälen berechnet wurde; denn bei jenen findet man auch die Geschwindigkeitsverschiebung (wie oben) aus den negativen Druckhöhen, welche beim Versuch im Verlängerungsstück auf der Außenseite festgestellt wurden, und aus den im ausfließenden Strahl außen größer beobachteten Geschwindigkeiten.

Zum Schluß wollen wir nun noch einige Betrachtungen der Versuchsergebnisse im Zusammenhang mit den Schaufelformen anstellen.

Von Wichtigkeit ist der Vergleich der Versuche mit Kanal IV und VI, denn er gewährt uns einen Einblick in den Einfluß der Krümmung. Der Versuch mit dem geraden Kanal VI ergibt einen Energieverlust E_v pro kg, der nur wenig größer ist als die Hälfte des Energieverlustes des gekrümmten Kanales IV bei gleicher mittlerer Länge. Die Krümmung macht sich also sehr bemerkbar. Auch auf rechnerischem Wege wurde der Energieverlust beim Kanal VI mittelst der ganzen Hagenschen Formel (Tabelle 17) bestimmt, indem der mittlere Durchmesser $d = \frac{4F}{U}$ gesetzt wurde.

Weitere interessante Beobachtungen ergibt die Aufstellung des Wertes ζ der Gleichung

$$E_v = \zeta \cdot \frac{c_a^2}{2g}$$

mit c_a = Ausflußgeschwindigkeit bei allen Kanälen (Tabelle 1 bis 9). Es folgt aus den Versuchen die Tatsache, daß die Annahme

$$\zeta = 0{,}05 \text{ bis } 0{,}1$$

bei normalen Turbinenkanälen berechtigt ist.

Die Verschiedenheit, die der Wert ζ zwischen den Grenzwerten bei den einzelnen Kanälen zeigt, hängt besonders von der Wandflächenreibung ab. Diese Reibung wächst aber mit dem Quadrat der Geschwindigkeit und nimmt daher am Ende der Kanäle größere Werte an. Kanäle, bei welchen die Geschwindigkeit c_m schon weit vor dem Ende die Größe der Ausflußgeschwindigkeit fast erreicht, werden also große Verluste ergeben.

Es wurde daher bei Kanal V (Tafel V) eine Erweiterung des Kanales durch Vergrößerung von a vor dem Verlängerungsstück vorgenommen, und gleichzeitig der Kanal so konstruiert, daß seine mittlere Länge möglichst kurz wurde. Leider haben die oben erwähnten Störungen im Einfluß die Vorzüge dieses Kanales wieder aufgehoben, so daß der einfache mit nur 2 Kreisen und 2 Tangenten konstruierte Kanal IV bei ruhigem Einlauf des Wassers den besten Wirkungsgrad ergab.

Über den Einfluß geradliniger Verlängerungen an Turbinenkanälen kann aus den Versuchen direkt noch kein Urteil abgegeben werden, aber die Berechnung nach Gleichung 16) läßt erkennen, daß der Verlust, welcher durch Oberflächenreibung bei Einführung einer nicht zu langen geradlinigen Verlängerung entsteht, annähernd aufgehoben wird durch die dann eintretende Verringerung des Energieverlustes E_{v_a}. Denn bei geradliniger Verlängerung ist

$$\frac{u_i^2}{2g} = \frac{c_m^2}{2g} = \frac{u_a^2}{2g}$$

und somit nach obiger Berechnung E_{v_a} kleiner, als wenn

$$\frac{u_i^2}{2g} > \frac{c_m^2}{2g} > \frac{u_a^2}{2g}$$

ist wie bei Kanälen ohne solche Verlängerung.

Bei allen diesen Betrachtungen bleiben Einflüsse noch unberücksichtigt, welche die Wasserbewegungen bei im Betrieb befindlichen Turbinenkanälen sehr beeinträchtigen können, so die Rückwirkung der Laufradschaufeln auf den aus dem Leitkanal ausfließenden Strahl, dann der Widerstand durch Ablenkung beim Eintritt des Wassers in einen Kanal usw. Es bleibt also noch eine große Anzahl weiterer Versuche, die in dieser Richtung angestellt werden müssen, um eine größere Sicherheit bei der Berechnung des Wirkungsgrades von Turbinen zu erlangen.

Anhang.

Tabellen

der

Versuchsergebnisse und der Berechnung

mittelst der neuen Formel.

Druckhöhen in m	I	II	III	IV
a	0,443	—	—	—
b	—	—	—	—
c	—	0,423	0,430	0,440
Querschnitt 0 ∾ d	0,395	0,406	0,422	0,434
„ 1 ∾ e	—	0,389	0,4105	0,4255
f	0,353	—	—	—
„ 2 ∾ g	—	0,3475	0,378	0,3965
h	0,2985	—	—	—
„ 3 ∾ i	—	0,2725	0,309	0,334
k	0,197	—	—	—
„ 4 ∾ l	—	0,152	0,1965	0,2345
m	0,039	—	—	—
„ 5 ∾ n	—	— 0,014	0,037	0,0745
o	—	— 0,030	—	—
p	— 0,024	—	—	—

Bemerkungen: Gesamtgefälle h = 0,4845 m.
Messungen der Ausflußparabeln und der Geschwindigkeiten Tafel 2.

V	VI
—	—
—	0,458
0,448	—
0,443	0,4475
0,436	—
—	0,430
0,4105	—
—	0,395
0,354	—
—	0,319
0,2625	—
—	0,198
0,1135	—
0,0615	—
—	0,051

mit Pitot-Röhrchen siehe

Tabelle 1.

Kanal I. — Versuch 1.

Wassermenge: V = 0,000.386 cbm/Sek.

Gefunden durch Abwiegen: 46,3 kg in 2 Min.

Temperatur des Wassers: t = 15,0 ° C.

Ausrechnung der Versuchswerte:

Querschnitt 0	Querschnitt 6 (Ausfl.)
Querschnittsfläche	
F = 0,0004505	F = 0,000155 qm
$\frac{V}{F} = c_m = 0{,}857$	$c_m = 2{,}49$ m/Sek.
$\frac{c_m^2}{2g} = 0{,}03735$	$\frac{c_m^2}{2g} = 0{,}316$ m
$h_m = 0{,}4245$	$h_m = 0$ m
Gesamtenergie pro kg E = 0,46185	E = 0,316 m

Energieverlust von Querschnitt 0 bis Querschnitt 6

$$E_v = 0{,}46185 - 0{,}316 =$$
$$E_v = 0{,}14585 \text{ m pro kg Wasser.}$$

Für $E_v = \zeta \cdot \frac{c_a^2}{2g}$ und $\frac{c_a^2}{2g} = 0{,}316$ (Ausflussquerschn. 6)

$$\zeta = 0{,}462$$

Bezogen auf die Eintrittsenergie pro kg

E = 0,46185 m beträgt der Verlust

$$E_v = 31{,}6\,\%.$$

Druckhöhen in m		I	II	III	IV	V
	a	3,574	3,573	3,569.5	3,572	3,573
	b	3,565	3,565	3,566	3,569	3,572
	c	3,556	3,557.5	3,560	3,565	3,568.5
Querschnitt 0 ∾	d	3,546	3,549	3,553	3,561	3,569.5
	e	3,531	3,537	3,547	3,560	3,571.5
	f	3,504	3,518	3,538	3,559	3,576
	g	3,458	3,491	3,526.5	3,555	3,578
	h	3,391	3,447	3,504	3,546	3,577
	i	3,348	3,393	3,462	3,524.5	3,564
	k	3,291.5	3,330	3,391	3,471	3,529.5
	l	3,241	3,254	3,302	3,385.5	3,459
	m	3,141.5	3,185	3,218	3,286	3,358
	n	3,078	3,086	3,113.5	3,172	3,240
	o	3,033	3,035	3,042	3,087	3,115
	p	3,023	3,015	3,019	3,025	3,043.5
	q	—	3,117	3,034.5	3,012.5	3,020
	r	—	—	—	—	3,044

Bemerkungen: Gesamtgefälle $h = 3{,}672$ m.

VI	VII
3,582	3,581
3,573.5	3,573
3,572	3,572
3,573	3,574
3,579	3,580
3,587	3,589
3,593	3,596
3,593	3,597
3,585	3,594
3,561	3,578
3,509.5	3,532
3,415	3,444.5
3,288	3,317
3,152	3,169
3,074	3,075
3,023	3,029.5
3,017.5	3,015

Tabelle 2.

Kanal II. — Versuch 2.

Wassermenge: $V = 0{,}00843$ cbm/Sek.

Gefunden mit Danaïde.

Druckhöhe in der Danaïde: $h = 0{,}652$ m.

Temperatur des Wassers: $t = 12{,}2\,^\circ$ C.

Ausrechnung der Versuchswerte:

Querschnitt 0	Querschnitt 7
Querschnittsfläche $F = 0{,}0075$	$F = 0{,}00411$ qm
$\frac{V}{F} = c_m = 1{,}124$	$c_m = 2{,}05$ m/Sek.
$\frac{c_m^2}{2g} = 0{,}0644$	$\frac{c_m^2}{2g} = 0{,}2145$ m
$h_m = 3{,}5610$	$h = 3{,}3810$ m
Gesamtenergie pro kg $E = 3{,}6254$	$E = 3{,}5955$ m

Energieverlust von Querschnitt 0 bis Querschnitt 7.

$E_v = 3{,}6254 - 3{,}5955 = 0{,}030$ m pro kg Wasser.

Für $E_v = \zeta \cdot \frac{c_a^2}{2g}$ und $\frac{c_a^2}{2g} = 0{,}2145$ (Ausflußquerschn. 7)

$\zeta = 0{,}140$

Bezogen auf die Eintrittsenergie pro kg $E = 3{,}6254$ m beträgt der Verlust $E_v = 0{,}828\,\%$.

Druckhöhen in m		I	II	III	IV	V
	a	1,874	1,875	1,882	1,890	1,878
	b	1,839	1,840	1,843	1,853	1,860
	c	1,808	1,810	1,816	1,833	1,847
Querschnitt 0 ∼	d	1,764	1,776	1,796	1,825	1,850
	e	1,710	1,731	1,771	1,820	1,859
	f	1,608	1,664	1,738	1,815	1,872
	g	1,442	1,555	1,693	1,806	1,878
	h	1,190 *)	1,398	1,615	1,772	1,872
	i	1,030 *)	1,215	1,470	1,696	1,825
	k	0,864	1,005	1,220	1,510	1,708
	l	0,675 *)	0,741	0,913	1,205	1,463
	m	0,312	0,484	0,623	0,868	1,105
	n	0,107	0,130	0,236	0,448	0,696
	o	0 *)	0 *)	0,031 *)	0,169	0,243
	p	— 0,045 *)	— 0,038 *)	0,015 *)	0,046 *)	0,024

Bemerkungen: Die Geschwindigkeit in dem ausfließenden Strahl ist außen größer als innen. Gesamtgefälle $h = 2{,}102$ m.

*) Mittelwert der hier schwankenden Druckhöhen.

VI	VII
1,900	1,900
1,865	1,869
1,860	1,864
1,863	1,869
1,883	1,895
1,908	1,921
1,926	1,941
1,928	1,949
1,902	1,938
1,813	1,874
1,634	1,714
1,302	1,405
0,850	0,962
0,383	0,424
0,124	0,090

Tabelle 3.

Kanal II. — Versuch 3.

Wassermenge: V = 0,01575 cbm/Sek.

Gefunden mit Überfallwehr aus:

$$V = \frac{2}{3}\mu \cdot b \cdot h \cdot \sqrt{2gh}$$

$$h = 0{,}4735 - 0{,}419 = 0{,}0545 \text{ m}$$

$$\frac{2}{3}\mu = \frac{2}{3}\left(0{,}615 + \frac{0{,}0021}{h}\right) = 0{,}4357$$

Temperatur des Wassers = 16,7° C.

Ausrechnung der Versuchswerte:

Querschnitt 0	Querschnitt 12
Querschnittsfläche $F = 0{,}0075$	$F = 0{,}00265$ qm
$\frac{V}{F} = c_m = 2{,}100$	$c_m = 5{,}95$ m/Sek.
$\frac{c_m^2}{2g} = 0{,}225$	$\frac{c_m^2}{2g} = 1{,}800$ m
$h_m = 1{,}822$	$h = 0$ m
Gesamtenergie pro kg $E = 2{,}047$	$E = 1{,}800$ m

Energieverlust von Querschnitt 0 bis Querschnitt 12

$E_v = 2{,}047 - 1{,}800 = 0{,}247$ m pro kg Wasser.

Für $E_v = \zeta \cdot \frac{c_a^2}{2g}$ und $\frac{c_a^2}{2g} = 1{,}800$ (Ausflußquerschn. 12)

$$\zeta = 0{,}1371$$

Bezogen auf die Eintrittsenergie pro kg $E = 2{,}047$ m beträgt der Verlust

$E_v = 12{,}06$ %.

Kanal II.

Wassermessung: mit Überfallwehr.

Wassermenge: $V = 0{,}014.9$ cbm/Sek.

Gefunden aus: $V = \frac{2}{3}\mu \cdot b \cdot h \sqrt{2gh}$

$h = 0{,}4715 - 0{,}419 = 0{,}0525$ m

$\frac{2}{3}\mu = \frac{2}{3} \cdot \left(0{,}615 + \frac{0{,}0021}{h}\right) = 0{,}4367$

Druckhöhenmessung: Druckhöhe h als Wassersäule in m

Querschnitt 0 ∾ d			Querschnitt n		
	h	h_m		h	h_m
I	1,520		I	0,091	
II	1,531		II	0,115	
III	1,547		III	0,205	
IV	1,573	1,572	IV	0,388	
V	1,597		V	0,595	
VI	1,610		VI	0,728	
VII	1,613		VII	0,823	

Temperatur des Wassers: $t = 17{,}2$ °C.

Bemerkungen: Geschwindigkeit in dem ausfließenden Strahl außen größer als innen.

Gesamtgefälle $h = 1{,}82$ m.

Tabelle 4.

Versuch 4.

Ausrechnung der Versuchswerte:

Querschnitt 0	Querschnitt 12
Querschnittsfläche $F = 0{,}0075$	$F = 0{,}00265$ qm
$\frac{V}{F} = c_m = 1{,}987$	$c_m = 5{,}62$ m/Sek.
$\frac{c_m^2}{2g} = 0{,}2010$	$\frac{c_m^2}{2g} = 1{,}612$ m
$h_m = 1{,}572$	$h_m = 0$ m
Gesamtenergie $E = 1{,}773$	$E = 1{,}612$ m pro kg Wasser

Energieverlust von Querschnitt 0 bis Querschnitt 12:

$$E_v = 1{,}773 - 1{,}612$$

$$E_v = 0{,}161 \text{ m pro kg Wasser.}$$

Setzt man $E_v = \zeta \cdot \frac{c_a^2}{2g}$ mit $\frac{c_a^2}{2g}$ = Geschwindigkeitshöhe im Ausfluß

$\frac{c_a^2}{2g} = 1{,}612$ so wird

$$\zeta = 0{,}0998$$

Bezogen auf die Eintrittsenergie $E = 1{,}773$ m beträgt der Verlust

$$E_v = 9{,}08\,\%.$$

Kanal III.

Wassermessung: mit Überfallwehr.

Wassermenge: $V = 0{,}0372$ cbm/Sek.

Gefunden aus: $V = \frac{2}{3}\mu \cdot b \cdot h \cdot \sqrt{2gh}$

Höhe des gestauten Wasserspiegels über der Wehrkrone: $h = 0{,}517 - 0{,}419 = 0{,}098$ m

$$\frac{2}{3}\mu = \frac{2}{3}\left(0{,}615 + \frac{0{,}0021}{h}\right)\left[1 + 0{,}55\left(\frac{h}{t}\right)^2\right] = 0{,}4275$$

Kanaltiefe: $t = 0{,}765$ m

Druckhöhenmessung: Druckhöhe h als Wassersäule in m

Querschnitt 0

	h	h_m
I	1,691	
II	1,710	
III	1,765	
IV	1,835	1,8216
V	1,877	
VI	1,906	
VII	1,908	

Querschnitt 6

	h	h_m
I	0,200	
II	0,168	+0,115
III	−0,140	

Temperatur des Wassers: $t = 17{,}1$ °C.

Bemerkungen: Geschwindigkeit in dem ausfließenden Strahl außen größer als innen.

Gesamtgefälle: $h = 2{,}102$ m.

Tabelle 5.

Versuch 5.

Ausrechnung der Versuchswerte:

Querschnitt 0	Querschnitt 6
Querschnittsfläche $F = 0{,}01924$	$F = 0{,}00642$ qm
$\frac{V}{F} = c_m = 1{,}932$	$c_m = 5{,}796$ m/Sek.
$\frac{c_m^2}{2g} = 0{,}1902$	$\frac{c_m^2}{2g} = 1{,}712$ m
$h_m = 1{,}8216$	$h_m = 0{,}115$ m
Gesamtenergie $E = 2{,}0118$	$E = 1{,}8270$ m pro kg Wasser

Energieverlust von Querschnitt 0 bis Querschnitt 6

$$E_v = 2{,}0118 - 1{,}8270$$

$$E_v = 0{,}185 \text{ m pro kg Wasser.}$$

Setzt man $E_v = \zeta \cdot \frac{c_a^2}{2g}$ mit $\frac{c_a^2}{2g}$ = Geschwindigkeitshöhe im Ausfluß

$$\frac{c_a^2}{2g} = 1{,}712 \text{ so wird}$$

$$\zeta = 0{,}108$$

Bezogen auf die Eintrittsenergie $E = 2{,}0118$ beträgt der Verlust

$$E_v = 9{,}2\,\%.$$

Kanal IV.

Wassermessung: mit Überfallwehr.

Wassermenge: V = 0,0383 cbm/Sek.

Gefunden aus: $V = \frac{2}{3}\mu \cdot b \cdot h \cdot \sqrt{2gh}$

$$h = 0{,}519 - 0{,}419 = 0{,}100 \text{ m}$$

$$\frac{2}{3}\mu = \frac{2}{3}\left(0{,}615 + \frac{0{,}0021}{h}\right)\left[1 + 0{,}55\left(\frac{h}{t}\right)^2\right] = 0{,}4275.$$

$$t = 0{,}767 \text{ m.}$$

Druckhöhenmessung: Druckhöhe h als Wassersäule in m

Querschnitt 0			Querschnitt 6		
	h	h_m		h	h_m
I	1,732		I	0,218	
II	1,738		II	0,187	0,126
III	1,774		III	— 0,174	
IV	1,820	1,813			
V	1,853				
VI	1,879				
VII	1,883				

Temperatur des Wassers: t = 17,0 ° C.

Bemerkungen: Geschwindigkeit in dem ausfließenden Strahl außen größer als innen.

Gesamtgefälle h = 2,102 m.

Tabelle 6.

Versuch 6.

Ausrechnung der Versuchswerte:

Querschnitt 0	Querschnitt 4
Querschnittsfläche $F = 0{,}01928$	$F = 0{,}0065$ qm
$\frac{V}{F} = c_m = 1{,}989$	$c_m = 5{,}895$ m/Sek.
$\frac{c_m^2}{2g} = 0{,}2015$	$\frac{c_m^2}{2g} = 1{,}770$ m
$h_m = 1{,}813$	$h_m = 0{,}126$ m
Gesamtenergie $E = 2{,}0145$	$E = 1{,}896$ m pro kg Wasser

Energieverlust von Querschnitt 0 bis Querschnitt 4

$$E_v = 2{,}0145 - 1{,}896$$

$E_v = 0{,}1185$ m pro kg Wasser.

Setzt man $E_v = \zeta \cdot \frac{c_a^2}{2g}$ mit $\frac{c_a^2}{2g}$ = Geschwindigkeitshöhe im Ausfluß

$\frac{c_a^2}{2g} = 1{,}770$ so wird

$$\zeta = 0{,}067$$

Bezogen auf die Eintrittsenergie $E = 2{,}0145$ m beträgt der Verlust

$$E_v = 5{,}88\,\%.$$

Kanal V.

Wassermessung: mit Überfallwehr.

Wassermenge: $V = 0{,}03775$ cbm/Sek.

Gefunden aus: $V = \frac{2}{3} \mu \cdot b \cdot h \cdot \sqrt{2gh}$

$h = 0{,}518 - 0{,}419 = 0{,}099$ m

$$\frac{2}{3} \mu = \frac{2}{3}\left(0{,}615 + \frac{0{,}0021}{h}\right)\left[1 + 0{,}55\left(\frac{h}{t}\right)^2\right] = 0{,}4275$$

$t = 0{,}766$ m.

Druckhöhenmessung: Druckhöhe h als Wassersäule in m

Querschnitt 0			Querschnitt 5		
	h	h_m		h	h_m
I	1,810		I	0,190	
II	1,780		II	0,132	0,061
III	1,752		III	— 0,302	
IV	1,780	1,7916			
V	1,825				
VI	1,860				
VII	1,875				

Temperatur des Wassers: $t = 16{,}9\,°$ C.

Bemerkungen: Geschwindigkeit in dem ausfließenden Strahl außen größer als innen.

Gesamtgefälle $h = 2{,}102$ m.

Tabelle 7.

Versuch 7.

Ausrechnung der Versuchswerte:

Querschnitt 0	Querschnitt 5
Querschnittsfläche F = 0,01912	F = 0,00642 qm
$\frac{V}{F} = c_m = 1{,}972$	$c_m = 5{,}875$ m/Sek.
$\frac{c_m{}^2}{2\,g} = 0{,}1985$	$\frac{c_m{}^2}{2\,g} = 1{,}760$ m
$h_m = 1{,}7916$	$h_m = 0{,}061$ m
Gesamtenergie E = 1,990	E = 1,821 m pro kg Wasser

Energieverlust von Querschnitt 0 bis Querschnitt 5

$$E_v = 1{,}990 - 1{,}821$$

$$E_v = 0{,}169 \text{ m pro kg Wasser.}$$

Setzt man $E_v = \zeta \cdot \frac{c_a{}^2}{2\,g}$ mit $\frac{c_a{}^2}{2\,g}$ = Geschwindigkeitshöhe im Ausfluß

$$\frac{c_a{}^2}{2\,g} = 1{,}760 \text{ so wird}$$

$$\zeta = 0{,}096$$

Bezogen auf die Eintrittsenergie E = 1,990 m beträgt der Verlust

$$E_v = 8{,}5\ \%.$$

Kanal VI.

Wassermessung: mit Überfallwehr.

Wassermenge: V = 0,03802 cbm/Sek.

Gefunden aus: $V = \frac{2}{3} \mu \cdot b \cdot h \sqrt{2gh}$

$h = 0,5185 - 0,419 = 0,0995$ m

$\frac{2}{3}\mu = \frac{2}{3}\left(0,615 + \frac{0,0021}{h}\right)\left[1 + 0,55\left(\frac{h}{t}\right)^2\right] = 0\,4275$

$t = 0,7665$ m

Druckhöhenmessung: Druckhöhe h als Wassersäule in m

Querschnitt 0

	h	h_m
I	1,864	
II	1,841	
III	1,830	
IV	1,822	1,8348
V	1,833	
VI	1,845	
VII	1,860	

Querschnitt 4

	h	h_m
I	0,220	
II	0,169	0,1828
III	0,174	

Temperatur des Wassers: t = 17,1° C.

Bemerkungen: Gesamtgefälle h = 2,102 m.

Tabelle 8.

Versuch 8.

Ausrechnung der Versuchswerte:

Querschnitt 0	Querschnitt 4
Querschnittsfläche $F = 0{,}0192$	$F = 0{,}00642$ qm
$\frac{V}{F} = c_m = 1{,}981$	$c_m = 5{,}925$ m/Sek
$\frac{c_m^2}{2g} = 0{,}200$	$\frac{c_m^2}{2g} = 1{,}79$ m
$h_m = 1{,}8348$	$h_m = 0{,}1828$ m
Gesamtenergie $E = 2{,}0348$	$E = 1{,}9728$ m pro kg Wasser

Energieverlust von Querschnitt 0 bis Querschnitt 4

$$E_v = 2{,}0348 - 1{,}9728 =$$

$$E_v = 0{,}062 \text{ m pro kg Wasser.}$$

Setzt man $E_v = \zeta \cdot \frac{c_a^2}{2g}$ mit $\frac{c_a^2}{2g}$ = Geschwindigkeitshöhe im Ausfluß

$$\frac{c_a^2}{2g} = 1{,}79 \text{ so wird}$$

$$\zeta = 0{,}0346$$

Bezogen auf die Eintrittsenergie $E = 2{,}0348$ m beträgt der Verlust

$$E_v = 3{,}05\,\%.$$

Kanal VII.

Wassermessung: mit Überfallwehr.

Wassermenge: V = 0,01938 cbm/Sek.

Gefunden aus: $V = \frac{2}{3} \mu\, b \cdot h \cdot \sqrt{2gh}$

$h = 0{,}482 - 0{,}419 = 0{,}063$ m

$\frac{2}{3}\mu = \frac{2}{3}\left(0{,}615 + \frac{0{,}0021}{h}\right) = 0{,}4322$

Druckhöhenmessung: Druckhöhe h als Wassersäule in m

Querschnitt 1

	h	h_m
I	1,990	
II	1,944	
III	1,956	1,9728
IV	1,988	
V	2,037	

Querschnitt 4

	h	h_m
I	0,847	
II	0,977	
III	1,105	1,030
IV	1,151	

Temperatur des Wassers: t = 17,5 °C.

Bemerkungen: Geschwindigkeit in dem ausfließenden Strahl innen größer als außen.

Gesamtgefälle h = 2,102 m.

Tabelle 9.

Versuch 9.

Ausrechnung der Versuchswerte:

Querschnitt 1	Querschnitt 8
Querschnittsfläche $F = 0{,}01254$	$F = 0{,}003146$ qm
$\frac{V}{F} = c_m = 1{,}542$	$c_m = 6{,}155$ m/Sek.
$\frac{c_m^2}{2g} = 0{,}1216$	$\frac{c_m^2}{2g} = 1{,}932$ m
$h_m = 1{,}9728$	$h_m = 0$ m
Gesamtenergie $E = 2{,}0944$	$E = 1{,}932$ m pro kg Wasser

Energieverlust von Querschnitt 1 bis Querschnitt 8.

$$E_v = 2{,}0944 - 1{,}932$$

$$E_v = 0{,}1624 \text{ m pro kg Wasser}$$

Setzt man $E_v = \zeta \cdot \frac{c_a^2}{2g}$ mit $\frac{c_a^2}{2g}$ = Geschwindigkeitshöhe im Ausfluß

$\frac{c_a^2}{2g} = 1{,}932$ so wird

$$\zeta = 0{,}084$$

Bezogen auf die Eintrittsenergie $E = 2{,}0944$ m beträgt der Verlust

$$E_v = 7{,}75\,\%.$$

		0	1	2	3	4
Versuchs-Werte	$h_m =$	0,4245	0,413	0,379	0,313	0,205
	$\frac{c_m^2}{2g} =$	0,03735	0,04415	0,068	0,1169	0,200
	$E =$	0,46185	0,45715	0,447	0,4299	0,405
	$\varDelta E_v =$	—	0,00470	0,010.15	0,017.10	0,024.90
$b = 0{,}005$	$a =$	0,0901	0,083	0,067	0,051	0,039
	$F =$	0,0004505	0,000415	0,000335	0,000255	0,000195
	$c_m =$	0,857	0,930	1,151	1,514	1,98
	$\frac{c_m^2}{2g} =$	0,03735	0,04415	0,068	0,1169	0,200
	$U =$	0,1902	0,176	0,144	0,112	0,088
	$\frac{U}{F} =$	422	424	430	440	451
	$\frac{U'}{F} =$	—	423	427	435	445,5
	$\frac{c'^2_m}{2g} =$	—	0,0406	0,0552	0,0906	0,1555
	$(\varrho\, d\alpha)_m =$	—	0,0242	0,0472	0,0488	0,0482
	$0{,}00589 \frac{U'}{F} \cdot \frac{c'^2_m}{2g} \cdot (\varrho\, d\alpha)_m =$	—	0,002.44	0,006.55	0,011.30	0,019.65
	$\varrho_m =$				konstant	0,119
	$\varrho'_m =$				„	0,119
	$c'_m =$	—	0,8935	1,0405	1,3325	1,747
	$d\alpha =$	—	0,2035	0,397	0,410	0,405
	$0{,}0025 \sqrt{\frac{c'_m}{\varrho'_m}} \cdot d\alpha =$	—	0,001.39	0,002.94	0,003.42	0,003.88
	$\frac{c_m}{\varrho_m} \cdot \frac{a}{2} =$			konstant, da ϱ_m konstant		
	$v_i =$	—	—	—	—	—
	$dc_m = dv_i =$	—	0,073	0,221	0,363	0,466
	$\frac{\varrho_{m1}}{\varrho_i} =$				konstant 1,2945	
	$c_i =$	—	—	—	—	—
	$1{,}2945\ dc_m = dc_i =$	—	—	—	—	—
	$0{,}2945\ dc_m = dw_i = dc_i - dv_i =$	—	+ 0,0215	+ 0,06505	+ 0,1069	+ 0,13725
	$1{,}2945\ c'_m = c'_i =$	—	1,158	1,35	1,728	2,262
	$(\varrho\, d\alpha)_i =$	—	0,016	0,0335	0,038	0,040
	$\frac{c'_i \cdot dw_i}{(\varrho\, d\alpha)_i} =$	—	+ 1,555	+ 2,621	+ 4,85	+ 7,775
	$\frac{\varrho_{m1}}{\varrho_a} =$				konstant 0,7055	
	$c_a =$	—	—	—	—	—
	$-0{,}2945\ dc_m = dw_a = -dw_i =$	—	— 0,0215	— 0,06505	— 0,1069	— 0,13725
	$0{,}7055\ c'_m = c'_a =$	—	0,63	0,735	0,94	1,23
	$(\varrho\, d\alpha)_a =$	—	0,034	0,063	0,062	0,058
	$\frac{c'_a \cdot dw_a}{(\varrho\, d\alpha)_a} =$	—	— 0,398	— 0,701	— 1,62	— 2,915
	$\frac{c'_i \cdot dw_i}{(\varrho\, d\alpha)_i} + \frac{c'_a \cdot dw_a}{(\varrho\, d\alpha)_a} =$	—	+ 1,157	+ 1,920	+ 3,230	+ 4,860
	$\frac{0{,}000004}{b}$ („ + „) =	—	+ 0,000.93	+ 0,001.54	+ 0,002.58	+ 0,003.90
	$\varDelta E_v =$	—	0,004.74	0,011.03	0,017.30	0,027.43

5	6
0,0519	0
0,2960	0,316
0,3479	0,316
0,057.10	0,031 9
0,032	0,031
0,000160	0,0C0155
2,41	2,49
0,2960	0,316
0,074	0,072
462,5	464,5
456,75	463,5
0,248	0,306
0,051	0,027
0,034.00	0,022.50
2,195	2,45
0,429	0,2265
0,004.60	0,002.58
—	—
0,430	0,08
—	—
—	—
+ 0,127	+ 0,0236
2,84	3,17
0,0435	0,0235
+ 8,29	+ 3,18
—	—
— 0,127	— 0,0236
1,548	1,73
0,058	0,031
— 3,385	— 1,318
+ 4,905	+ 1,862
+ 0,003.93	+ 0,001.49
0,042.53	0,026.57

Tabelle 10.

Kanal I. — Versuch 1.

Berechnung: mittelst Formel.

Wassermenge: V = 0,000.386 cbm/Sek.

Energieverlust von Querschnitt 0 bis Ausfluss.

$$E_v = \Sigma \Delta E_v + E_{v_a} = 0{,}129.63$$
$$+ 0{,}019.32$$
$$E_v = 0{,}148.95 \text{ m.}$$

Nach dem Versuch

$$E_v = 0{,}145.85 \text{ m.}$$

$$\frac{\varrho_m}{\varrho_i} \text{ mittel} = 1{,}2945, \qquad \frac{\varrho_m}{\varrho_a} \text{ mittel} = 0{,}7055$$

$$\left(\frac{\varrho_m}{\varrho_i}\right)^2 = 1{,}675 \qquad \left(\frac{\varrho_m}{\varrho_a}\right)^2 = 0{,}499$$

$$\text{Ausfluss } \frac{c_m^2}{2g} = 0{,}316$$

$$\frac{u_i^2}{2g} = 1{,}675 \cdot 0{,}316 = 0{,}5295 \quad \text{(I)} \quad \frac{u_a^2}{2g} = 0{,}499 \cdot 0{,}316 = 0{,}1575$$

$$\zeta \cdot \frac{c_m^2}{2g} = 0{,}12963 = \Sigma \Delta E_v$$

$$\zeta \cdot \frac{c_i^2}{2g} = 1{,}675 \cdot 0{,}12963 = 0{,}217$$

$$\zeta \cdot \frac{c_a^2}{2g} = 0{,}499 \cdot 0{,}12963 = 0{,}06455$$

$$E_o = 0{,}316 + 0{,}12963 = 0{,}44563$$

$$E_o - \zeta \cdot \frac{c_i^2}{2g} = 0{,}22863 \quad \text{(II)} \quad E_o - \zeta \cdot \frac{c_a^2}{2g} = 0{,}38108$$

$$\text{I} - \text{II} = +0{,}30087 = -h'_i \qquad \text{I} - \text{II} = -0{,}22358 = -h'_a$$

$$E_{v_a} = \frac{0{,}07729}{4} = -0{,}25\,(h'_i + h'_a)$$

$$E_{v_a} = 0{,}019.32 \text{ m.}$$

		0	1	2	3
Versuchs-Werte	$h_m =$	3,561	3,558	3,555	3,550
	$\frac{c_m^2}{2g} =$	0,0644	0,0644	0,0644	0,067
	$E =$	3,6254	3,6224	3,6194	3,617
	$\varDelta E_v =$	—	0,003.0	0,003.0	0,002.4
$b = 0{,}050$	$a =$	0,150	0,150	0,150	0,147
	$F =$	0,0075	0,0075	0,0075	0,00735
	$c_m =$	1,124	1,124	1,124	1,146
	$\frac{c_m^2}{2g} =$	0,0644	0,0644	0,0644	0,067
	$U =$	0,4	0,4	0,4	0,394
	$\frac{U}{F} =$	53,35	53,35	53,35	53,6
	$\frac{U'}{F} =$	—	53,35	53,35	53,475
	$\frac{c'^2_m}{2g} =$	—	0,0644	0,0644	0,0657
	$(\varrho\, d\alpha)_m =$	—	0,029	0,0285	0,0205
	$0{,}00589\ \frac{U'}{F} \cdot \frac{c'^2_m}{2g} \cdot (\varrho\, d\alpha)_m =$	—	0,000.59	0,000.58	0,000.42
	$\varrho_m =$	0,83	0,657	0,1382	0,1018
	$\varrho'_m =$	—	0,7435	0,3973	0,1200
	$c'_m =$	—	1,124	1,124	1,135
	$d\alpha =$	—	0,039	0,0718	0,1708
	$0{,}0025 \sqrt{\frac{c'_m}{\varrho'_m}} \cdot d\alpha =$	—	0,000.09	0,000.30	0,001.31
	$\frac{c_m}{\varrho_m} \cdot \frac{a}{2} =$	0	0,1283	0,610	0,8285
	$v_i =$	1,124	0,9957	0,514	0,3175
	$dv_i =$	—	— 0,1283	— 4817	— 0,1965
	$\frac{\varrho_{m1}}{\varrho_i} =$	1	0,9	0,867	0,717
	$c_i =$	1,124	1,011	0,975	0,821
	$dc_i =$	—	— 0,1130	— 0,0360	— 0,1540
	$dw_i = dc_i - dv_i =$	—	+ 0,0153	+ 0,4457	+ 0,0425
	$c'_i =$	—	1,0675	0,993	0,898
	$(\varrho\, d\alpha)_i =$	—	0,026	0,0225	0,0110
	$\frac{c'_i \cdot dw_i}{(\varrho\, d\alpha)_i} =$	—	+ 0,627	+ 19,68	+ 3,468
	$\frac{\varrho_{m1}}{\varrho_a} =$	1	1,1	1,132	1,282
	$c_a =$	1,124	1,238	1,274	1,470
	$dw_a = -dw_i =$	—	— 0,0153	— 0,4457	— 0,0425
	$c'_a =$	—	1,181	1,256	1,372
	$(\varrho\, d\alpha)_a =$	—	0,0318	0,0345	0,030
	$\frac{c'_a \cdot dw_a}{(\varrho\, d\alpha)_a} =$	—	— 0,569	— 16,22	— 1,945
	$\frac{c'_i\, dw_i}{(\varrho\, d\alpha)_i} + \frac{c'_a\, dw_a}{(\varrho\, d\alpha)_a} =$	—	+ 0,058	+ 3,46	+ 1,523
	$\frac{0{,}000.004}{b}$ („ + „) =	—	+ 0,000.005	+ 0,000.28	+ 0,000.12
	$\varDelta E_v =$	—	0,000.69	0,001.16	0,001.85

Tabelle 11.

Kanal II. — Versuch 2.

Berechnung:

mittelst Formel.

Wassermenge:

$V = 0,008.43$ cbm/Sek.

Energieverlust

von Querschnitt 0 bis 7

$E_v = 0,025.75$ m.

Nach dem Versuch

$E_v = 0,029.90$ m.

4	5	6	7
3,541	3,5192	3,4605	3,381
0,0756	0,0844	0,1379	0,2145
3,6166	3,6036	3,5984	3,5955
0,000.4	0,013.0	0,005.2	0,002.9
0,1385	0,131	0,1025	0,0822
0,006925	0,00655	0,005125	0,00411
1,217	1,286	1,644	2,05
0,0756	0,0844	0,1379	0,2145
0,377	0,362	0,305	0,2644
54,45	55,3	59,5	64,4
54,025	54,875	57,4	61,95
0,0713	0,080	0,11115	0,1762
0,0225	0,022	0,0385	0,047
0,000.51	0,000.57	0,001.45	0,003.02
0,1221	0,1878	0,2424	0,3582
0,11195	0,15495	0,2151	0,3003
1,1815	1,2515	1,465	1,847
0,1882	0,142	0,179	0,1562
0,001.53	0,001.01	0,001.17	0,000.97
0,690	0,449	0,3475	0,2355
0,527	0,837	1,2965	1,8145
+ 0,2095	+ 0,310	+ 0,4595	+ 0,5180
0,745	1,235	1,825	1,618
0,906	1,589	3,000	3,318
+ 0,0850	+ 0,683	+ 1,411	+ 0,318
— 0,1245	+ 0,373	+ 0,9515	— 0,200
0,8635	1,2475	2,2945	3,159
0,003	0,003	0,037	0,047
— 35,80	+ 155,0	+ 59,0	— 13,42
1,255	0,765	0,176	0,383
1,527	0,984	0,2896	0,785
+ 0,1245	— 0,3730	— 0,9515	+ 0,200
1,4985	1,2555	0,6368	0,5373
0,043	0,0455	0,046	0,0485
+ 4,34	— 10,3	— 13,19	+ 2,22
— 31,46	+ 144,7	+ 45,81	— 11,20
— 0,002.52	+ 0,011.58	+ 0,003.66	— 0,000.90
— 0,000.48	+ 0,013.16	0,006.28	0,003.09

		0	1	2	3	4	5
Versuchs-Werte	$h_m =$	1,822	1,815	1,801	1,783	1,747	1,672
	$\frac{c_m^2}{2g} =$	0,225	0,225	0,225	0,2345	0,264	0,295
	$E =$	2,047	2,040	2,026	2,0175	2,011	1,967
	$\Delta E_v =$	—	0,007.0	0,014.0	0,008.5	0,006.5	0,044.0
$b = 0{,}050$	$a =$	0,150	0,150	0,150	0,147	0,1385	0,131
	$F =$	0,0075	0,0075	0,0075	0,00735	0,006925	0,00655
	$c_m =$	2,100	2,100	2,100	2,142	2,276	2,402
	$\frac{c_m^2}{2g} =$	0,225	0,225	0,225	0,2345	0,264	0,295
	$U =$	0,4	0,4	0,4	0,394	0,377	0,362
	$\frac{U}{F} =$	53,35	53,35	53,35	53,6	54,45	55,3
	$\frac{U'}{F} =$	—	53,35	53,35	53,475	54,025	54,875
	$\frac{c'^2_m}{2g} =$	—	0,225	0,225	0,22975	0,24925	0,2795
	$(\varrho\, d\alpha)_m =$	—	0,029	0,0285	0,0205	0,0225	0,022
	$0{,}00589 \frac{U'}{F} \cdot \frac{c_m^2}{2g} \cdot (\varrho\, d\alpha)_m =$	—	0,002.05	0,002.02	0,001.49	0,001.79	0,001.99
	$\varrho_m =$	0,83	0,657	0,1382	0,1018	0,1221	0,1878
	$\varrho'_m =$	—	0,7435	0,3973	0,1200	0,11195	0,15495
	$c'_m =$	—	2,100	2,100	2,121	2,209	2,339
	$d\alpha =$	—	0,039	0,0718	0,1708	0,1882	0,142
	$0{,}0025 \sqrt{\frac{c'_m}{\varrho'_m}}\, d\alpha =$	—	0,001.64	0,000.41	0,001.80	0,002.10	0,001.38
	$\frac{c_m}{\varrho_m} \cdot \frac{a}{2} =$	0	0,2395	1,14	1,550	1,29	0,840
	$v_i =$	2,100	1,8605	0,96	0,592	0,986	1,562
	$dv_i =$	—	— 0,2395	— 0,9005	— 0,368	+ 0,394	— 0,585
	$\frac{\varrho_{m1}}{\varrho_i} =$	1	0,9	0,867	0,717	0,745	1,235
	$c_i =$	2,100	1,890	1,820	1,539	1,694	2,970
	$dc_i =$	—	— 0,210	— 0,070	— 0,281	+ 0,155	+ 1,276
	$dw_i = dc_i - dv_i =$	—	+ 0,0295	+ 0,8305	+ 0,087	— 0,239	+ 0,691
	$c'_i =$	—	1,995	1,855	1,6795	1,6165	2,332
	$(\varrho\, d\alpha)_i =$	—	0,026	0,0225	0,011	0,003	0,003
	$\frac{c'_i \cdot dw_i}{(\varrho\, d\alpha)_i} =$	—	+ 2,26	+ 68,5	+ 13,3	— 128,9	+ 537,5
	$\frac{\varrho_{m1}}{\varrho_a} =$	1	1,1	1,132	1,282	1,255	0,765
	$c_a =$	2,100	2,31	2,38	2,75	2,855	1,839
	$dw_a = - dw_i =$	—	— 0,0295	— 0,8305	— 0,087	+ 0,239	— 0,691
	$c'_a =$	—	2,205	2,345	2,565	2,8025	2,347
	$(\varrho\, d\alpha)_a =$	—	0,0318	0,0345	0,030	0,043	0,0455
	$\frac{c'_a \cdot dw_a}{(\varrho\, d\alpha)_a} =$	—	— 2,02	— 56,5	— 74,4	+ 15,59	— 35,65
	$\frac{c'_i \cdot dw_i}{(\varrho\, d\alpha)_i} + \frac{c'_a \cdot dw_a}{(\varrho\, d\alpha)_a} =$	—	+ 0,24	+ 12,0	+ 5,86	— 113,31	+ 501,95
	$\frac{0{,}000004}{b} \left(\text{„} + \text{„} \right) =$	—	+ 0,000.02	0,000.96	0,000 47	— 0,009.06	0,040.15
	$\Delta E_v =$	—	0,003.71	0,003.39	0,003.76	— 0,005.17	0,043.52

Tabelle 12.

6	7	8	9	10	12
1,472	1,197	0,856	0,447	0,132	0
0,481	0,749	1,070	1,456	1,748	1,800
1,953	1,946	1,926	1,903	1,880	1,800
0,014.0	0,007.0	0,020.0	0,023.0	0,023.0	0,080.0
0,1025	0,0822	0,0688	0,0590	0,0538	0,053
0,005125	0,00411	0,00344	0,00295	0,00269	0,00265
3,075	3,832	4,580	5,342	5,855	5,95
0,481	0,749	1,070	1,456	1,748	1,800
0,305	0,2644	0,2376	0,2180	0,2076	0,206
59,5	64,4	69,05	73,95	77,1	77,8
57,4	61,95	66,725	71,5	75,525	77,45
0,388	0,615	0,9095	1,263	1,602	1,7740
0,0385	0,047	0,055	0,067	0,0735	0,098
0,005.05	0,010.52	0,019.65	0,035.60	0,052.30	0,076.10
0,2424	0,3582	0,607	1,75	∞	∞
0,2151	0,3003	0,4826	1,1785		
2,7385	3,4535	4,206	4,961		
0,179	0,1562	0,114	0,057		
0,001.59	0,001.32	0,000.84	0,000.29	**10a*)**	**11**
0,650	0,4395	0,2595	0,090	0	0
2,425	3,3925	4,3205	5,252	5,855	5,95
+ 0,863	+ 0,9675	+ 0,9280	+ 0,9315	+ 0,603	+ 0,095
1,825	1,618	1,73	1,333	2	1
5,605	6,200	7,925	7,115	11,710	5,95
+ 2,635	+ 0,595	+ 1,725	− 0,810	+ 4,595	− 5,76
+ 1,772	− 0,3725	+ 0,797	− 1,7415	+ 3,992	− 5,855
4,2875	5,9025	7,0625	7,520	9,4125	8,83
0,037	0,047	0,052	0,066	0,0638	0,032
+ 205,4	− 46,8	+ 108,2	− 198,7	+ 689,0	− 1616,0
0,176	0,383	0,269	0,666	0	1
0,541	1,467	1,231	3,558	0	5,95
− 1,772	+ 0,3725	− 0,797	+ 1,7415	− 3,992	+ 5,855
1,190	1,004	1,349	2,3945	1,779	2,975
0,046	0,0485	0,0585	0,068	0,0632	0,032
− 45,9	+ 7,71	− 18,39	+ 61,4	− 112,2	+ 545,0
+ 159,5	− 39,09	+ 89,81	− 137,3	+ 576,8	− 1071,0
+ 0,012.75	− 0,003.13	+ 0,007.18	− 0,011.0	− 0,0395	
0,019.39	0,008.71	0,027.67	0,024.89	0,0889	

Kanal II.

Versuch 3.

Berechnung:
mittelst Formel.

Wassermenge:
$V = 0{,}01575$ cbm/Sek.

Energieverlust von Querschnitt 0 bis Ausfluss

$$E_v = \Sigma \Delta E_v + E_{v_a} =$$
$$= 0{,}218.77$$
$$+ 0{,}035.20$$
$$E_v = 0{,}253.97 \text{ m.}$$

Nach dem Versuch:
$E_v = 0{,}247$ m.

$$\frac{\varrho_m}{\varrho_i} \text{ mittel} = 1{,}48$$

$$\left(\frac{\varrho_m}{\varrho_i}\right)^2 = 2{,}19$$

$$\frac{\varrho_m}{\varrho_a} \text{ mittel} = 0{,}674$$

$$\left(\frac{\varrho_m}{\varrho_a}\right)^2 = 0{,}454$$

$$\left(\frac{\varrho_m}{\varrho_i}\right)^2 + \left(\frac{\varrho_m}{\varrho_a}\right)^2 - 2 = 0{,}644$$

$$\Sigma d E_v = \zeta \cdot \frac{v_m^2}{2g} = 0{,}218.77$$

$$E_{v_a} = \frac{0{,}21877 \cdot 0{,}644}{4} =$$

$$E_{v_a} = 0{,}035.20 \text{ m.}$$

*) In den Normalschnitten nach 10a steigen die Druckhöhen nach innen an.

	0	1	2	3	4	5
$b = 0{,}050$ $a =$	0,150	0,150	0,150	0,147	0,1385	0,131
$F =$	0,0075	0,0075	0,0075	0,00735	0,006925	0,00655
$c_m =$	1,987	1,987	1,987	2,028	2,152	2,276
$\frac{c_m^2}{2g} =$	0,2010	0,201	0,201	0,2095	0,236	0,264
$U =$	0,4	0,4	0,4	0,394	0,377	0,362
$\frac{U}{F} =$	53,35	53,35	53,35	53,6	54,45	55,3
$\frac{U'}{F} =$	—	53,35	53,35	53,475	54,025	54,875
$\frac{c'^2_m}{2g} =$	—	0,201	0,201	0,20525	0,22275	0,250
$(\varrho\, d\alpha)_m =$	—	0,029	0,0285	0,0205	0,0225	0,022
$0{,}00589\, \frac{U'}{F} \cdot \frac{c_m}{2g} \cdot (\varrho\, d\alpha)_m =$	—	0,001.83	0,001.80	0,001.33	0,001.60	0,001.78
$\varrho_m =$	0,83	0,657	0,1382	0,1018	0,1221	0,1878
$\varrho'_m =$	—	0,7435	0,3973	0,1200	0,11195	0,15495
$c'_m =$	—	1,987	1,987	2,0075	2,090	2,214
$d\alpha =$	—	0,039	0,0718	0,1708	0,1882	0,142
$0{,}0025 \sqrt{\frac{c'_m}{\varrho'_m}} \cdot d\alpha =$	—	0,001.59	0,000.40	0,001.75	0,002.03	0,001.34
$\frac{c_m}{\varrho_m} \cdot \frac{a}{2} =$	0	0,2264	1,079	1,468	1,220	0,795
$v_i =$	1,987	1,7606	0,908	0,560	0,932	1,481
$dv_i =$	—	— 0,2264	— 0,8526	— 0,348	+ 0,372	+ 0,549
$\frac{\varrho_{m1}}{\varrho_i} =$	1	0,9	0,867	0,717	0,745	1,235
$c_i =$	1,987	1,789	1,722	1,454	1,601	2,81
$dc_i =$	—	— 0,198	— 0,067	— 0,268	+ 0,147	+ 1,209
$dw_i = dc_i - dv_i =$	—	+ 0,0284	+ 0,7856	+ 0,080	— 0,225	+ 0,660
$c'_i =$	—	1,888	1,7555	1,588	1,5275	2,2055
$(\varrho\, d\alpha)_i =$	—	0,026	0,0225	0,011	0,003	0,003
$\frac{c'_i \cdot dw_i}{(\varrho\, d\alpha)_i} =$	—	+ 2,08	+ 61,3	+ 11,54	— 114,5	+ 485,0
$\frac{\varrho_{m1}}{\varrho_a} =$	1	1,1	1,132	1,282	1,255	0,765
$c_a =$	1,987	2,186	2,25	2,602	2,700	1,74
$dw_a = -dw_i =$	—	— 0,0284	— 0,7856	— 0,08	+ 0,225	— 0,66
$c'_a =$	—	2,0865	2,218	2,426	2,651	2,22
$(\varrho\, d\alpha)_a =$	—	0,0318	0,0345	0,030	0,043	0.0455
$\frac{c'_a \cdot dw_a}{(\varrho\, d\alpha)_a} =$	—	— 1,862	— 50,5	— 6,465	+ 13,88	— 32,2
$\frac{c'_i \cdot dw_i}{(\varrho\, d\alpha)_i} + \frac{c'_a \cdot dw_a}{(\varrho\, d\alpha)_a} =$	—	+ 0,218	+ 10,8	+ 5,075	— 100,62	+ 452,8
$\frac{0{,}000\,004}{b}$ („ + „)	—	+ 0,000.02	+ 0,000.86	+ 0,000.41	— 0,008.05	+ 0,036.21
$\varDelta E_v =$	—	0,003.44	0,003.06	0,003.49	— 0,004.42	0,039.33

6	7	8	9	10	12
0,1025	0,0822	0,0688	0,0590	0,0538	0,053
0,005125	0,00411	0,00344	0,00295	0,00269	0,00265
2,908	3,626	4,335	5,05	5,54	5,62
0,431	0,670	0,957	1,300	1,562	1,612
0,305	0,2644	0,2376	0,2180	0,2076	0,206
59,5	64,4	69,05	73,95	77,1	77,8
57,4	61,95	66,725	71,5	75,525	77,45
0,3475	0,5505	0,8135	1,1285	1,431	1,587
0,0385	0,047	0,055	0,067	0,0735	0,098
0,004.52	0,009.42	0,017.58	0,028.20	0,046.70	0,068.05
0,2424	0,3582	0,607	1,75	∞	∞
0,2151	0,3003	0,4826	1,1785		
2,592	3,267	3,9805	4,6925		
0,179	0,1562	0,114	0,057		0
0,001.55	0,001.29	0,000.82	0,000.28	0	**11**
0,615	0,4155	0,2452	0,0851	0	0
2,293	3,2105	4,0898	4,9649	5,54	5,62
+ 0,812	+ 0,9175	+ 0,8793	+ 0,8751	+ 0,5751	+ 0,08
1,825	1,618	1,73	1,333	2	1
5,305	5,86	7,500	6,73	11,08	5,62
+ 2,495	+ 0,555	+ 164	— 0,77	+ 4,35	— 5,46
+ 1,683	— 0,3625	+ 0,7607	— 1,6451	+ 3,7749	— 5,54
4,0575	5,5825	6,68	7,115	8,905	8,35
0,037	0,047	0,052	0,066	0,0738	0,022
+ 184,8	— 43,0	+ 97,6	— 177,4	+ 455,5	— 2101,0
0,176	0,383	0,269	0,666	0	1
0,512	1,389	1,166	3,362	0	5,62
— 1,683	+ 0,3625	— 0,7607	+ 1,6451	— 3,7749	+ 5,54
1,126	0,9505	1,2775	2,264	1,681	2,81
0,046	0,0485	0,0585	0,068	0,0732	0,022
— 41,2	+ 7,105	— 16,61	+ 54,8	— 86,7	+ 707,0
+ 143,6	— 35,895	+ 80,99	— 122,6	+ 368,8	— 1394,0
+ 0,011.49	— 0,002.89	+ 0,006.48	— 0,010.08	+ 0,029.50	— 0,111.50
0,017.56	0,007.84	0,014.88	0,018.40	0,076.20	— 0,043.45

Tabelle 13.

Kanal II.

Versuch 4.

Berechnung:
mittelst Formel.

Wassermenge:
$V = 0{,}0149$ cbm/Sek.

Energieverlust von Querschnitt 0 bis Ausfluss

$$E_v = \Sigma \Delta E_v + E_{v_a} =$$

0,136.33
0,022.28

$E_v = 0{,}158.61$ m.

Nach dem Versuch
$E_v = 0{,}161.0$ m.

$$\frac{\varrho_m}{\varrho_i} \text{ mittel} = 1{,}486$$

$$\left(\frac{\varrho_m}{\varrho_i}\right)^2 = 2{,}21$$

$$\frac{\varrho_m}{\varrho_a} \text{ mittel} = 0{,}666$$

$$\left(\frac{\varrho_m}{\varrho_a}\right)^2 = 0{,}444$$

$$\left(\frac{\varrho_m}{\varrho_i}\right)^2 + \left(\frac{\varrho_m}{\varrho_a}\right)^2 - 2 = 0{,}654$$

$$\Sigma\, d\, E_v = \zeta \cdot \frac{v_m^2}{2\,g} = 0{,}136.33$$

$$E_{v_a} = \frac{0{,}13633 \cdot 0{,}654}{4} =$$

$E_{v_a} = 0{,}022.28$ m.

	0	1	2	3	4
$b = 0{,}160$ $\quad a =$	0,1202	0,112	0,071	0,050	0,0423
$F =$	0,01924	0,01791	0,01136	0,008	0,00676
$c_m =$	1,932	2,077	3,277	4,65	5,50
$\frac{c_m^2}{2g} =$	0,1902	0,2195	0,547	1,102	1,542
$U =$	0,5604	0,544	0,462	0,420	0,4046
$\frac{U}{F} =$	29,15	30,35	40,7	52,5	59,8
$\frac{U'}{F} =$	—	29,75	35,525	46,6	56,15
$\frac{c'^2_m}{2g} =$	—	0,20485	0,38325	0,8245	1,322
$(\varrho\, d\alpha)_m =$	—	0,038	0,056	0,056	0,0611
$0{,}00589 \frac{U'}{F} \frac{c'^2_m}{2g} \cdot (\varrho\, d\alpha)_m =$	—	0,001.36	0,004.49	0,012.68	0,026.75
$\varrho_m =$	∞	0,147	0,2	0,526	5,0
$\varrho'_m =$	—	0,147	0,1735	0,363	2,763
$c'_m =$	—	2,0045	2,677	3,9635	5,075
$d\alpha =$	—	0,2584	0,3228	0,1542	0,0221
$0{,}0025 \sqrt{\frac{c'_m}{\varrho'_m}} \cdot d\alpha =$	—	0,002.39	0,003.17	0,001.28	0,000.24
$\frac{c_m}{\varrho_m} \cdot \frac{a}{2} =$	0	0,790	0,581	0,221	0,023
$v_i =$	1,932	1,287	2,696	4,429	5,477
$dv_i =$	—	— 0,645	+ 1,409	+ 1,733	+ 1,048
$\frac{\varrho_{m_1}}{\varrho_i} =$	1	0,602	1,815	1,76	2
$c_i =$	1,932	1,249	5,94	8,18	11,0
$dc_i =$	—	— 0,683	+ 4,691	+ 2,24	+ 2,82
$dw_i = dc_i - dv_i =$	—	— 0,038	+ 3,282	+ 0,507	+ 1,772
$c'_i =$	—	1,5905	3,5945	7,06	9,59
$(\varrho\, d\alpha)_i =$	—	0,003	0,0416	0,0552	0,0607
$\frac{c'_i \cdot dw_i}{(\varrho\, d\alpha)_i} =$	—	— 20,17	+ 283,7	+ 64,2	+ 280,0
$\frac{\varrho_{m_1}}{\varrho_a} =$	1	1,4	0,185	0,242	0
$c_a =$	1,932	2,904	0,606	1,128	0
$dw_a = - dw_i =$	—	+ 0,038	— 3,282	— 0,507	— 1,772
$c'_a =$	—	2,418	1,755	0,867	0,564
$(\varrho\, d\alpha)_a =$	—	0,0741	0,078	0,0596	0,062
$\frac{c'_a\, dw_a}{(\varrho\, d\alpha)_a} =$	—	+ 1,24	— 74,0	— 7,4	— 16,1
$\frac{c'_i\, dw_i}{(\varrho\, d\alpha)_i} + \frac{c'_a\, dw_a}{(\varrho\, d\alpha)_a} =$	—	— 18,93	+ 209,7	+ 57,5	+ 263,9
$\frac{0{,}000004}{b} (\;„\; + \;„\;) =$	—	— 0,000.47	+ 0,005.24	+ 0,001.44	+ 0,006.60
$\Delta E_v =$	—	0,004.22	0,012.90	0,015.40	0,033.59

Tabelle 14.

5	6	
0,0401	0,0401	
0,00642	0,00642	
5,796	5,796	
1,712	1,712	
0,4002	0,4002	
62,4	62,4	
61,1	62,4	
1,627	1,712	
0,0616	0,0568	
0,036.05	0,035.68	
∞	∞	
0	0	**7**
0	0	0
5,796		5,796
+ 0,319		0
2		1
11,592		5,796
+ 0,592		— 5,796
+ 0,273		— 5,796
11,296		8,694
0,0616		0,135
+ 50,0		— 373,0
0		1
0		5,796
— 0,273		+ 5,796
0		2,898
0,0615	*)	0,135
0	$\frac{0,057}{0,135} \cdot 249,0 =$	+ 124,0
+ 50,0	= — 105,0	— 249,0
+ 0,001.25	— 0,002.63	
0,037.30	0,033.05	

Kanal III. — Versuch 5.

Berechnung: mittelst Formel.

Wassermenge: V = 0,0372 cbm/Sek.

Energieverlust von Querschnitt 0 bis Querschnitt 6

$$E_v = \Sigma \Delta E_v + E_{v_a} =$$

$$= 0,136.46$$

$$+ 0,055.80$$

$$E_v = 0,192.26 \text{ m.}$$

Nach dem Versuch:

$$E_v = 0,185.0 \text{ m.}$$

$$\frac{\varrho_m}{\varrho_i} \text{ mittel} = 1,745, \quad \frac{\varrho_m}{\varrho_a} \text{ mittel} = 0,765$$

$$\left(\frac{\varrho_m}{\varrho_i}\right)^2 = 3,05 \qquad \left(\frac{\varrho_m}{\varrho_a}\right)^2 = 0,586$$

$$\left(\frac{\varrho_m}{\varrho_i}\right)^2 + \left(\frac{\varrho_m}{\varrho_a}\right)^2 - 2 = 1,636$$

$$\zeta \cdot \frac{v_m^2}{2\,g} = \Sigma \Delta E_v = 0,136.46$$

$$E_{v_a} = \frac{0,13646 \cdot 1,636}{4} = 0,055.80 \text{ m.}$$

*) Da der Kanal nur bis Querschnitt 6 untersucht wird, so darf von dem letzten Korrekturglied nur ein Betrag eingerechnet werden, der der Länge $(\varrho\, d\alpha)_m$ von Querschnitt 5 bis Querschnitt 6 entspricht.

	0	1	2	3
b = 0,161 (0 ∼ 3) b = 0,162 (4) $a =$	0,1198	0,1082	0,0489	0,0401
$F =$	0,01928	0,0174	0,00786	0,00645
$c_m =$	1,989	2,198	4,87	5,94
$\frac{c_m^2}{2g} =$	0,2015	0,246	1,21	1,798
$U =$	0,5596	0,5364	0,4178	0,4022
$\frac{U}{F} =$	29,2	30,98	53,45	62,4
$\frac{U'}{F} =$	—	30,09	42,215	57,925
$\frac{c'^2_m}{2g} =$	—	0,2238	0,728	1,504
$(\varrho\, d\alpha)_m =$	—	0,0613	0,115	0,0502
$0{,}00589 \frac{U'}{F} \cdot \frac{c'^2_m}{2g} \cdot (\varrho\, d\alpha)_m =$	—	0,002.43	0,020.80	0,025.74
$\varrho_m =$	∞	0,140	0,280	0,280
$\varrho'_m =$	—	0,140	0,210	0,280
$c'_m =$	—	2,0935	3,534	5,405
$d\alpha =$	—	0,4375	0,531	0,1792
$0{,}0025 \sqrt{\frac{c'_m}{\varrho'_m}} \cdot d\alpha =$	—	0,004.23	0,005.45	0,001.97
$\frac{c_m}{\varrho_m} \cdot \frac{a}{2} =$	0	0,85	0,425	0,4255
$v_i =$	1,989	1,348	4,445	5,5145
$dv_i =$	—	— 0,641	+ 3,097	+ 1,0695
$\frac{\varrho_{m1}}{\varrho_i} =$	1	1	2	2
$c_i =$	1,989	2,198	9,74	11,88
$dc_i =$	—	+ 0,209	+ 7,542	+ 2,14
$dw_i = dc_i - dv_i =$	—	+ 0,850	+ 4,445	+ 1,0705
$c'_i =$	—	2,0935	5,969	10,81
$(\varrho\, d\alpha)_i =$	—	0,0361	0,0884	0,047
$\frac{c'_i \cdot dw_i}{(\varrho\, d\alpha)_i} =$	—	+ 49,30	+ 300,1	+ 246,4
$\frac{\varrho_{m1}}{\varrho_a} =$	1	1	0	0
$c_a =$	1,989	2,198	0	0
$dw_a = -dw_i =$	—	— 0,850	— 4,445	— 1,0705
$c'_a =$	—	2,0935	1,099	0
$(\varrho\, d\alpha)_a =$	—	0,088	0,1429	0,0539
$\frac{c'a \cdot dw_a}{(\varrho\, d\alpha)_a} =$	—	— 20,20	— 34,2	0
$\frac{c'_i\, dw_i}{(\varrho\, d\alpha)_i} + \frac{c'_a\, dw_a}{(\varrho\, d\alpha)_a} =$	—	+ 29,1	+ 265,9	+ 246,4
$\frac{0{,}000004}{b}$ („ + „) =	—	0,000.73	0,006.65	0,006.16
$\Delta E_v =$	—	0,007.39	0,032.90	0,033.87

Tabelle 15.

4	5
0,0401	
0,0065	
5,895	
1,77	
0,4002	
62,4	
62,4	
1,784	
0,0568	
0,037.18	
∞	
0	
	0
	5,895
	+ 0,3805
	1
	5,895
	— 5,985
	— 6,3655
	8,8875
	0,135
	— 419,0
	1
	5,895
	+ 6,3655
	2,9475
*)	0,135
$\frac{0,057}{0,135} \cdot 280 =$	+ 139
= — 118,1	— 280,0
— 0,002.96	
0,034.22	

Kanal IV. — Versuch 6.

Berechnung: mittelst Formel.

Wassermenge: V = 0,0383 cbm/Sek.

Energieverlust von Querschnittt 0 bis Querschnitt 4

$$E_v = \Sigma \Delta E_v + E_{v_a}$$
$$= 0{,}108.38$$
$$+ 0{,}019.50$$
$$E_v = 0{,}127.88 \text{ m}$$

Nach dem Versuch

$$E_v = 0{,}117.50 \text{ m.}$$

$\frac{\varrho_m}{\varrho_i}$ mittel = 1,532 $\frac{\varrho_m}{\varrho_a}$ mittel = 0,61

$\left(\frac{\varrho_m}{\varrho_i}\right)^2 = 2{,}35$ $\left(\frac{\varrho_m}{\varrho_a}\right)^2 = 0{,}372$

$$\left(\frac{\varrho_m}{\varrho_i}\right)^2 + \left(\frac{\varrho_m}{\varrho_a}\right)^2 - 2 = 0{,}722$$

$$\zeta \cdot \frac{v_m^2}{2g} = \Sigma d E_v = 0{,}108.38$$

$$E_{v_a} = \frac{0{,}108.38 \cdot 0{,}722}{4} = 0{,}019.50 \text{ m.}$$

*) cf. Bemerkung Tabelle 14.

	0	1	2	3	4
$b = 0{,}160$ $\quad a =$	0,1196	0,0992	0,068	0,0491	0,0401
$F =$	0,01912	0,01588	0,01088	0,00786	0,00642
$c_m =$	1,972	2,378	3,47	4,8	5,875
$\frac{c_m^2}{2g} =$	0,1985	0,2885	0,614	1,175	1,760
$U =$	0,5592	0,5184	0,456	0,4182	0,4002
$\frac{U}{F} =$	29,22	32,65	42,0	53,2	62,4
$\frac{U'}{F} =$	—	30,935	37,325	47,6	57,8
$\frac{c'^2_m}{2g} =$	—	0,2435	0,45125	0,8945	1,4675
$(\varrho\, d\alpha)_m =$	—	0,032	0,065	0,0661	0,033
$0{,}00589\, \frac{U'}{F} \cdot \frac{c'^2_m}{2g} \cdot (\varrho\, d\alpha)_m =$	—	0,001.42	0,006.45	0,016.58	0,016.46
$\varrho_m =$	∞	0,162	0,162	0,162	0,162
$\varrho'_m =$	—	0,162	0,162	0,162	0,162
$c'_m =$	—	2,175	2,924	4,135	5,3375
$d\alpha =$	—	0,1975	0,401	0,409	0,204
$0{,}0025 \sqrt{\frac{c'_m}{\varrho'_m}} \cdot d\alpha =$	—	0,001.81	0,004.26	0,005.16	0,002.93
$\frac{c_m}{\varrho_m} \cdot \frac{a}{2} =$	0	0,729	0,729	0,729	0,729
$v_i =$	1,972	1,649	2,742	4,072	5,147
$dv_i =$	—	— 0,323	+ 1,093	+ 1,330	+ 1,075
$\frac{\varrho_{m1}}{\varrho_i} =$	1	1,457	1,259	1,141	1,141
$c_i =$	1,972	3,460	4,360	5,485	6,710
$dc_i =$	—	+ 1,488	+ 0,900	+ 1,125	+ 1,225
$dw_i = dc_i - dv_i =$	—	+ 1,811	— 0,193	— 0,205	+ 0,150
$c'_i =$	—	2,716	3,910	4,9225	6,0975
$(\varrho\, d\alpha)_i =$	—	0,019	0,0549	0,0554	0,0286
$\frac{c'_i \cdot dw_i}{(\varrho\, d\alpha)_i} =$	—	+ 258,6	— 13,75	— 18,22	+ 32,0
$\frac{\varrho_{m1}}{\varrho_a} =$	1	0,543	0,741	0,859	0,857
$c_a =$	1,972	1,290	2,572	4,120	5,045
$dw_a = - dw_i =$	—	— 1,811	+ 0,193	+ 0,205	— 0,150
$c'_a =$	—	1,631	1,931	3,346	4,5825
$(\varrho\, d\alpha)_a =$	—	0,0478	0,0799	0,0783	0,0381
$\frac{c'_a \cdot dw_a}{(\varrho\, d\alpha)_a} =$	—	— 61,9	+ 4,67	+ 8,76	— 18,02
$\frac{c'_i \cdot dwi}{(\varrho\, d\alpha)_i} + \frac{c'_a \cdot dw_a}{(\varrho\, d\alpha)_a} =$	—	+ 196,7	— 9,08	— 9,46	+ 13,98
$\frac{0{,}000004}{b}$ („ + „) =	—	+0,004.91	—0,000.23	—0,000.24	+0,000.35
$\Delta E_v =$	—	0,008.14	0,010.48	0,021.50	0,019.74

Tabelle 16.

5	
0,0401	
0,00642	
5,875	
1,760	
0,4002	
62,4	
62,4	
1,760	
0,0568	
0,036.70	
∞	
0	**6**
	0
	5,875
	+ 0,728
	1
	5,875
	— 0,835
	— 1,563
	6,2925
	0,135
	— 72,8
	1
	5,875
	+ 1,563
	5,46
	0,135
*) $\frac{0,057}{0,135} \cdot 9,5 =$	+ 63,3
— 4,01	— 9,5
—0,000.10	
0,036.60	

Kanal V. — Versuch 7.

Berechnung: mittelst Formel.

Wassermenge: $V = 0,037.75$

Energieverlust von Querschnitt 0 bis Querschnitt 5

$$E_v = \Sigma \Delta E_v + E_{v_a}$$

$$= 0,096.46$$

$$+ 0,004.34$$

$$E_v = 0,100.80 \text{ m}$$

Nach dem Versuch

$$E_v = 0,169.0 \text{ m}$$

$$\left(\frac{\varrho_m}{\varrho_i}\right) \text{mittel} = 1,2917 \qquad \frac{\varrho_m}{\varrho_a} \text{mittel} = 0,7143$$

$$\left(\frac{\varrho_m}{\varrho_i}\right)^2 = 1,67 \qquad \left(\frac{\varrho_m}{\varrho_a}\right)^2 = 0,51$$

$$\left(\frac{\varrho_m}{\varrho_i}\right)^2 + \left(\frac{\varrho_m}{\varrho_a}\right)^2 - 2 = 0,18$$

$$\zeta \frac{v_m^2}{2g} = \Sigma \Delta E_v = 0,096.46$$

$$E_{v_a} = \frac{0,096.46 \cdot 0,18}{4} = 0,004.34 \text{ m}$$

*) cf. Bemerkung Tabelle 14.

	0	1	2	3	4
$b = 0{,}160$ $a =$	0,120	0,0842	0,0591	0,0401	0,0401
$F =$	0,0192	0,01348	0,00945	0,00642	0,00642
$c_m =$	1,981	2,822	4,025	5,925	5,925
$\frac{c_m^2}{2g} =$	0,200	0,406	0,826	1,79	1,79
$U =$	0.560	0,4884	0,4382	0,4002	0,4002
$\frac{U}{F} =$	29,2	36,2	46,4	62,4	62,4
$\frac{U'}{F} =$	—	32,7	41,3	54,4	62,4
$\frac{c'^2_m}{2g} =$	—	0,303	0,616	1,308	1,79
$ds_m =$	—	0,100	0,070	0,0532	0,0568
$0{,}00589 \frac{U'}{F} \cdot ds_m \frac{c'^2_m}{2g} =$	—	0,005.82	0,010.48	0,022.21	0,037.25
$c'_m =$	—	2,4015	3,4235	4,975	5,925
$a + b =$	—	0,2442	0,2191	0,2001	0,2001
$(a + b)^2 =$	—	0,0597	0,048	0,04	0,04
$a^2 \cdot b^2 =$	—	0,0001813	0,0000896	0,0000412	0,0000412
$0{,}0000009 \cdot \frac{(a+b)^2}{a^2 \cdot b^2} \cdot ds_m \cdot c'_m =$	—	0,000.075	0,000.115	0,000.23	0,000.294
	—	0,005.895	0,010.595	0,022.44	0,037.544

Nach Hagen ist der Leitungswiderstand pro m Rohrlänge

$$B = k_1 \frac{u^2}{d} + k_2 \cdot \frac{u}{d^2}$$

Mit $k_1 = 0{,}001\,201\,7$

$k_2 = 0{,}000\,005\,87 - 0{,}000\,000\,267\,\imath + 0{,}000\,000\,007\,35\,\imath^2$

u = Wassergeschwindigkeit in m/Sek.

d = Durchmesser des Rohres in m.

Setze für den Kanal mit rechteckigem Querschnitt d = dem mittleren Durchmesser $= \frac{4F}{u} = \frac{2 \cdot a \cdot b}{a+b}$

Tabelle 17.

Kanal VI. — Versuch 8.

Berechnung: mittelst Formel.

Wassermenge: $V = 0{,}038{\cdot}02$ cbm/Sek.

Energieverlust von Querschnitt 0 bis Querschnitt 4

$$\Sigma \Delta E_v = E_v = 0{,}076{\cdot}47 \text{ m}$$

Nach dem Versuch

$$E_v = 0{,}062{\cdot}0 \text{ m.}$$

---

t = Temperatur des Wassers in Réaumur'schen Graden.

Für einen Kanalabschnitt von der mittleren Länge ds_m erhält man somit den Energieverlust pro kg Wasser aus

$$E_v = \frac{k_1 \cdot 2g}{4} \cdot \frac{U}{F} \cdot ds_m \cdot \frac{c_m^2}{2g} + \frac{k_2}{4} \cdot \frac{(a+b)^2}{a^2 \cdot b^2} \cdot c_m$$

Oder mit Einsetzung der Werte:

Temperatur des Wassers = 17,1 °C. = 13,7 °R.

$k_2 = 0{,}000\,003\,6$

$$E_v = 0{,}00589 \cdot \frac{U}{F} \cdot ds_m \cdot \frac{c_m^2}{2g} + 0{,}000\,000\,9 \frac{(a+b)^2}{a^2 \cdot b^2} \cdot c_m$$

	0	1	2	3	4
$h_m =$		1,9728			1,030
$\frac{c_m^2}{2g} =$		0,1216			1,025
$E =$		2,0944			2,055
$\Delta E_v =$		—			0,039.4
$a =$		0,098	0,0692	0,0528	0,0475
$\frac{1}{2}(b_i + b_a) = b =$		0,128	0,1086	0,0975	0,091
$F =$		0,01254	0,00751	0,00515	0,00432
$c_m =$		1,542	2,580	3,76	4,485
$\frac{c_m^2}{2g} =$		0,1216	0,339	0,721	1,025
$U =$		0,452	0,3556	0,3006	0,2770
$\frac{U}{F} =$		36,02	47,3	58,4	64,1
$\frac{U'}{F} =$		—	41,66	52,85	61,25
$\frac{c'^2_m}{2g} =$		—	0,2303	0,530	0,873
$(\varrho\, d\alpha)_m =$		—	0,039	0,036	0,036
$0{,}00589\, \frac{U'}{F} \cdot \frac{c'^2_m}{2g} \cdot (\varrho\, d\alpha)_m =$		—	0,002.20	0,005.94	0,011.31
$\varrho_m =$		0,1584	0,124	0,18	0,40
$\varrho'_m =$		—	0,1412	0,152	0,29
$c'_m =$		—	2,061	3,170	4,1225
$d\alpha =$		—	0,2761	0,2368	0,1241
$0{,}0025 \sqrt{\frac{c'_m}{\varrho'_m}} \cdot d\alpha =$		—	0,002.64	0,002.70	0,001.17
$\frac{c_m}{\varrho_m} \cdot \frac{a}{2} =$		0,477	0,720	0,551	0,266
$v_i =$		1,065	1,860	3,209	4,219
$dv_i =$		—	+ 0,795	+ 1,349	+ 1,010
$\frac{\varrho_{m1}}{\varrho_i} =$		1,752	1,477	1,79	1,473
$c_i =$		2,74	3,81	6,73	6,605
$dc_i =$		—	+ 1,07	+ 2,92	— 0,125
$dw_i = dc_i - dv_i =$		—	+ 0,275	+ 1,571	— 1,135
$c'_i =$		—	3,275	5,27	6,6675
$(\varrho\, d\alpha)_i =$		—	0,0305	0,030	0,034
$\frac{c'_i \cdot dw_i}{(\varrho\, d\alpha)_i} =$		—	+ 29,52	+ 276,2	— 222,8
$\frac{\varrho_{m1}}{\varrho_a} =$		0,247	0,524	0,213	0,526
$c_a =$		0,3812	1,35	0,800	2,36
$dw_a = - dw_i =$		—	— 0,275	— 1,571	+ 1,135
$c'_a =$		—	0,8656	1,075	1,58
$(\varrho\, d\alpha)_a =$		—	0,053	0,044	0,037
$\frac{c'_a \cdot dw_a}{(\varrho\, d\alpha)_a} =$		—	— 4,495	— 38,4	+ 48,5
$\frac{c'_i\; dw_i}{(\varrho\, d\alpha)_i} + \frac{c'_a\; dw_a}{(\varrho\, d\alpha)_a} =$		—	+ 25,025	+ 237,8	— 174,3
$\frac{0{,}000004}{b}\left(\text{"} + \text{"} \right) =$		—	0,000.92	0,009.75	— 0,007.66
$\Delta E_v =$		—	0,005.76	0,018.39	0,004.82

Tabelle 18.

5	6	7	8
			0
			1,932
			1,932
			0,123
0,0418	0,04075		0,0431
0,081	0,0755		0,073
0,0033858	0,00308		0,003146
5,72	6,295		6,155
1,668	2,015		1,932
0,2456	0,2325		0,2322
72,5	75,55		73,9
68,3	74,025	74,725	
1,3465	1,8415	1,975	
0,064	0,0752	0,049	
0,034.61	0,060.45	0,042.55	
3,2	∞	∞	
1,8			
5,1025			
0,0356			
0,000.15	0	0	
0,03735	0		
5,683	6,295		
+ 1,464	+ 0,612		
1,705	1		
9,255	6,295		
+ 2,650	— 2,960		
+ 1,186	— 3,572		
7,93	7,775		
0,062	0,075		
+ 151,6	— 370,2		
0,294	1		
1,68	6,295		
— 1,186	+ 3,572		
2,02	3,9875		—
0,066	0,0758		—
— 36,3	+ 188,0		
+ 115,3	— 192,2		
0,005.70	— 0,010.18		
0,040.46	0,050.27	0,042.55	

Kanal VII. — Versuch 9.

Berechnung:
mittelst Formel.

Wassermenge:
V = 0,01938 cbm/Sek.

Energieverlust von Querschnitt 1 bis Ausfluss

$E_v = 0{,}162.25$ m.

Nach dem Versuch

$E_v = 0{,}162.4$ m.

Bemerkung:

E_{va} braucht hier nicht eingerechnet zu werden, da die Geschwindigkeit innen im ausfließenden Strahl größer als außen ist.

Additional material from *Untersuchungen über den Energieverlust des Wassers in Turbinenkanälen,*
ISBN 978-3-662-31800-3, is available at http://extras.springer.com